珊瑚砂爆炸冲击效应

邱艳宇　王建平　赵章泳　著

U0334199

同济大学 出版社
TONGJI UNIVERSITY PRESS
·上海·

内 容 提 要

珊瑚砂作为一种特殊的海洋沉积物,具有与石英砂不同的物理力学特性。本书全面介绍了作者团队在珊瑚砂爆炸冲击效应方面的最新研究成果,以大量的试验作为基础,辅以数值模拟方法,系统揭示了应变率、含水率、围压、密度等因素对珊瑚砂在爆炸冲击下动力学特性的影响规律,得出了合理描述珊瑚砂爆炸冲击效应的计算公式。

本书可供防护工程、岩土工程、爆破工程、爆炸与冲击力学等专业的科研工作者、工程技术人员以及高等院校的研究生等参考。

图书在版编目(CIP)数据

珊瑚砂爆炸冲击效应/ 邱艳宇,王建平,赵章泳著
. —上海:同济大学出版社,2022.11
ISBN 978-7-5765-0213-8

Ⅰ.①珊… Ⅱ.①邱… ②王… ③赵… Ⅲ.①珊瑚岛
—地基处理—爆炸力学—冲击动力学—研究   Ⅳ.
①P752

中国版本图书馆 CIP 数据核字(2022)第 080128 号

珊瑚砂爆炸冲击效应
邱艳宇 王建平 赵章泳 著
责任编辑 李 杰 胡晗欣 **责任校对** 徐春莲 **封面设计** 陈益平

出版发行 同济大学出版社   www.tongjipress.com.cn
         (地址:上海市四平路 1239 号 邮编:200092 电话:021-65985622)
经 销 全国各地新华书店
排 版 南京文脉图文设计制作有限公司
印 刷 常熟市华顺印刷有限公司
开 本 787mm×1092mm 1/16
印 张 12.75
字 数 318 000
版 次 2022 年 11 月第 1 版
印 次 2022 年 11 月第 1 次印刷
书 号 ISBN 978-7-5765-0213-8

定 价 98.00 元

■ 前 言 ■
PREFACE

南海地处我国最南部,分布着丰富的生物及矿产资源,有着极高的经济意义。随着我国"21世纪海上丝绸之路"的提出,南海作为其重要的一环,更是成为重点利用及开发的地区。南海有大大小小约300个岛礁,广泛分布着海洋生物成因的珊瑚砂,这种珊瑚砂具有颗粒形状不规则、含内孔隙以及易破碎等特点,因此具有独特的物理力学性质。在岛礁工程建设过程中,珊瑚砂地基不仅会承受上部结构荷载的作用,也会经历波浪、地震、爆炸冲击等复杂荷载的作用,这些均会对岛礁工程造成巨大威胁。因此,系统、全面、深入地研究不同荷载下珊瑚砂的动态力学性能及其物理机制,对于加深对珊瑚砂力学性质的认识、确保岛礁工程的长期稳固至关重要。

近十几年来,关于南海珊瑚砂力学特性的研究有了快速发展,针对珊瑚砂力学特性的理论体系也在逐步完善中,但对爆炸冲击等极端荷载下珊瑚砂毁伤效应与破坏机理的研究仍处于起步阶段。本书通过系统、全面的试验研究,探索了珊瑚砂地基在侵彻、爆炸作用下的力学响应特征,并结合数值模拟等手段,提出了适用于珊瑚砂的动力计算模型,以解决珊瑚砂地基侵爆效应防护的基础性问题。

全书共6章,紧密围绕珊瑚砂爆炸冲击效应这一主题,解决与之相关的关键科学问题,研究结果可为岛礁地基处理及岛礁工程建设提供设计参数。

第1章为绪论。主要对珊瑚砂的物理特性进行了详尽的描述,并对低、中、高以及超高应变率下砂土动态力学特性的研究进行了梳理及分析。此外,本章也对土中爆炸波的传播规律和计算模型进行了介绍,对珊瑚砂的液化特性进行了阐述。最后指出了现有研究中的问题及不足。

第2章为珊瑚砂力学性能试验研究。通过三轴条件下的单调加载试验,研究了不同工况下珊瑚砂的应力-应变关系、超孔隙水压力以及有效应力路径的发展,建立了适用于珊瑚砂应力-应变关系的模型;开展了分离式霍普金森压杆(SHPB)试验,分析了珊瑚砂在中高应变率下的动力学特性,重点探究了锁变现象对珊瑚砂变形机制的影响。

第3章为珊瑚砂地基爆炸效应。基于相似理论,开展了不同装药当量和比例埋深下珊瑚砂中的模型爆炸试验,研究了爆炸参数、珊瑚砂基本物理特性对地冲击传播衰减规律的影响。在模拟试验基础上,结合不同应变率下岛礁珊瑚砂的动力压缩特性,建立了珊瑚砂的动态本构模型和地冲击效应计算方法。

第4章为珊瑚砂地基爆炸液化。通过饱和珊瑚砂的一维冲击压缩及爆炸液化试验,测试砂土内孔隙水压力的产生及消散,揭示了珊瑚砂的液化条件和机理,并结合数值计算进一步分析了珊瑚砂的爆炸液化特性,建立了峰值孔压比的计算方法,确定了饱和珊瑚砂的液化判据。

第 5 章为珊瑚砂地基侵彻效应。开展了不同弹头形状、不同发射速度条件下珊瑚砂地基抗侵彻试验,揭示了弹靶相互作用的阻抗机理,建立了珊瑚砂抗侵彻计算模型,研究了地基介质参数变化对抗侵彻能力的影响,并给出弹体在珊瑚砂地基中侵彻深度的工程计算方法。

第 6 章为总结与展望。对全书内容进行了总结与提炼,并对珊瑚砂在爆炸冲击下的研究思路以及研究方向提出了建议。

本书大部分内容是作者及其团队研究工作的总结,在撰写过程中还参考了国内外相关文献和资料,在此一并表示感谢。本书撰写分工如下:第 1 章由邱艳宇、王建平撰写,第 2,3 章由邱艳宇、赵章泳撰写,第 4 章由王建平、王亚松撰写,第 5 章由邱艳宇、苗伟伟撰写,第 6 章由邱艳宇、王建平、赵章泳撰写。马维嘉和黎晓冬在全书的公式校对、排版布局方面做了大量工作。

珊瑚砂在爆炸冲击荷载下的动力学响应是十分复杂的,本书介绍了大量的珊瑚砂试验内容,并通过数值模拟等手段,从岛礁工程建设的角度阐述了研究成果。限于作者水平以及时间有限,书中难免存在不足之处,敬请读者批评指正。

著　者
2022 年 6 月

目 录 ■
CONTENTS

第3章　非饱和珊瑚砂爆炸效应   63

第4章　饱和珊瑚砂爆炸液化   117

第 5 章　珊瑚砂侵彻效应

第 6 章 总结与展望 189

第 1 章

绪　论

21 世纪以来,随着科学技术的突飞猛进以及人口膨胀、资源短缺等世界性问题的凸现,海洋越来越彰显出其在资源、环境和空间等方面得天独厚的优势。历史和现实都昭示着"海兴则国强民富,海衰则国弱民穷"。我国是一个海洋大国,海洋是中国实现可持续发展的重要空间和资源保障。

南海是我国主张管辖海域面积最大、资源也极为丰富的海区,是我国经济发展的"生命线"和陆上资源的重要接替区[1]。为更好地开发南海资源,近年来我国相继在南沙群岛和西沙群岛开展了一系列海岸及岛礁工程,图 1.1 为永暑岛的航拍照片。岛礁建设能为各类民事需求服务,以更好地履行我国在海上搜救、防灾减灾、海洋科研、气象观察、生态保护和航行安全等方面承担的国际责任和义务。

热带海洋地区分布着大量的珊瑚砂,因此,海洋工程在建设过程中会不可避免地遇到由于珊瑚砂独特的力学特性而导致的一系列问题。我国南海的岛礁星罗棋布,珊瑚砂也广泛分布于岛礁之中,深入研究珊瑚砂的力学特性对岛礁工程的建设有着至关重要的作用。

图 1.1　永暑岛航拍照片

1.1　珊瑚砂的物理特性

珊瑚砂是富含碳酸钙颗粒或天然胶结物的碳酸盐沉积物,它是海洋沉积物中的一种[2]。珊瑚砂通常来自海洋生物的贝壳或骨骼碎片,广泛分布于世界各地的海岸及珊瑚礁,如我国南海、红海、澳大利亚西部大陆架以及巴斯海峡[3, 4]。由于珊瑚砂在沉积过程中大多未经长途搬运,因此保留了原生生物骨架中的细小孔隙[5]。与石英砂等陆相沉积物相比,珊瑚砂具有颗粒多孔隙、形状不规则、易破碎、可压缩性高及颗粒间易胶结等物理力学特性[6-8]。通过扫描电子显微镜得到的照片(图 1.2)可以清楚看到,珊瑚砂颗粒的形状极不规则,颗粒内部含有大量孔隙。

(a) 35倍放大

(b) 50倍放大

图 1.2　珊瑚砂的扫描电镜照片

目前,国内外针对珊瑚砂的研究主要集中在其物理特性、静力学特性和常规土动力学特性上,涵盖了珊瑚砂的颗粒组分及形状[9]、细观结构[10-12]、颗粒破碎[13-15]、压缩与剪切力学特性[16-19]及液化特性[20, 21]等方面。针对珊瑚砂动态力学特性的研究较少,尤其是关于珊瑚砂中爆炸波传播规律的研究仍处于空白阶段。可用于计算爆炸波传播衰减规律的本构模型尚未建立,相应参数也未确定。因此,对非饱和珊瑚砂的动态力学特性及爆炸波的传播规律进行系统研究,并结合试验结果建立非饱和珊瑚砂的弹塑性模型是亟须解决的关键科学问题。

1.2　应变率对砂土力学特性的影响

应变率是指单位时间内的应变改变量,是土力学中重要的指标之一。对于地基变形、波浪冲击、打桩和车辆冲击等常见的工程问题,土体的应变率属于蠕变、准静态或中等应变率;而对于爆炸与侵彻等问题,土体的应变率属于高应变率或超高应变率。图 1.3 所示为一种常见的应变率划分方法[22]。值得一提的是,在关于较低应变率下(小于 10^{-1} s^{-1})土的力学特性研究中,试样的惯性力可以忽略,因而对其应力、应变的测量比较简单且直接;而在关于较高应变率下土的力学特性研究中,则必须考虑惯性力对试验结果的影响,同时需要采用应力-应变的动态测量方法。

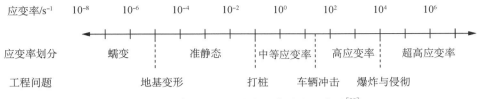

图 1.3　土中工程问题的应变率划分示意图[22]

1.2.1　低应变率下珊瑚砂力学特性

近几十年来,为保障海岸工程的建设,并探究珊瑚砂的力学性能,国内外学者通过单向以及循环加载试验对珊瑚砂在低应变率下的力学特性进行了大量的研究[18, 23-25]。

Coop 等[24, 25]通过常规三轴试验和高围压三轴试验研究了珊瑚砂在不同应力路径加载下的基本力学特性。根据试验结果,Coop 等指出,虽然珊瑚砂经常被认为是特殊的沉积物,但其主要的力学特性与一般砂土并无明显区别。连续剪切条件下珊瑚砂最终将达到临界状态,在随后的变形中,试样的体积和应力将保持恒定不变。临界状态下其研究所用珊瑚砂的内摩擦角为 40°,显著高于一般砂土。

Airey 等[26]通过应力路径三轴试验研究了胶结作用对珊瑚砂力学特性的影响。试验结果表明,胶结珊瑚砂与其他胶结土具有相似的力学特性,即胶结作用主要提高了土的剪切模量及强度,而对试样的体积模量并无明显影响。在弹性范围内,胶结与未胶结珊瑚砂的剪切模量和体积模量均随有效应力增大而线性递增。

Yamamuro 等[27]通过三轴试验研究了应变率对珊瑚砂强度及变形模量的影响。试验结果表明,随着应变率的增大,珊瑚砂的最大主应力比、弹塑性割线模量均会明显减小。

中国科学院力学研究所自"七五"计划开始即从事南海区域岩土介质的工程地质特性研究。针对采自南沙永暑礁的两种级配的砂样,刘崇权等[28]进行了不同应力路径的加载试验,其试验结果表明:珊瑚砂具有高压缩性,其一维压缩特征类似于正常固结黏土;在三轴排水剪切中,随着围压的增大,珊瑚砂的应力-应变曲线从应变软化向应变硬化方向发展,破坏应变增大,体积应变(简称体应变,本书以下统称体应变)由体积膨胀向体积缩小方向转化,莫尔-库仑强度包络线的斜率变小。

张家铭[15]的研究表明:低应力水平时珊瑚砂的剪切特性与陆源砂相似,随着有效围压的增大,珊瑚砂的剪胀性和峰值应力比会受到有效围压的影响;有效围压增大,剪胀特性受到抑制,峰值应力比随之减小,这与一般陆源砂不同。

曹梦等[23]采用三轴流变仪对珊瑚砂进行了不同围压下的长期蠕变试验研究。试验结果表明,在小于其破坏强度的恒定应力作用下,饱和珊瑚砂将发生衰减蠕变,随时间增加,变形不断增加,但变形速率不断减小。

虞海珍等[30-32]研究了围压及固结应力等因素对珊瑚砂动力特性的影响。试验结果表明:珊瑚砂为剪胀性砂,有明显的应变硬化特征;珊瑚砂具有独特的液化特性,在低围压和高固结应力比下可发生液化,其液化机理为循环活动性;在循环荷载作用下,珊瑚砂试样极易产生大量的、不可恢复的塑性应变,从而发生破坏。

上述的研究成果极大地丰富了人们对珊瑚砂在低应变率下力学特性的认知,总体而言,珊瑚砂与陆源砂的力学特性具有相似之处,但珊瑚砂又有其独一无二的特点,因此,在岛礁建设及维护过程中需要时刻关注珊瑚砂的这些特性,保障岛礁工程的正常运行。

1.2.2 中高应变率下砂土动态力学特性

迄今为止,在关于中高应变率下砂土动态力学特性的研究中,主要的研究对象仍是以石英砂为代表的陆相沉积物。为研究应变率对砂土力学特性的影响,首先需要分析砂土的变形机制。

在饱和度较低的土中,孔隙主要由与大气连通的空气和水充填,其变形主要由土骨架决定。Whitman[33]指出,在一维压缩情况下,土骨架的主要变形机制包括颗粒的弹性变形、滑移旋转和破碎及重新排列。根据这三种机制可以将砂土的单轴应力-应变曲线划分为图1.4(a)所示的四个阶段。在这些阶段中,每种变形机制均会存在,但不同阶段中主导机制不同。由于土颗粒的运动和破碎现象都是时间相关的[34, 35],因此在高应变率下土骨架的变形会如图1.4(b)所示显得更"坚硬"一些。

而对于饱和度较高的土,在高应变率下其内部的水和空气来不及从孔隙中排出,砂土的三相组分没有变化。由于以水含量为主的空气和水的可压缩性比土骨架小得多,因此砂土的主要变形来自水和空气。当压力极大时土的压缩性在很大程度上也取决于矿物颗粒的压缩性。另外,Lyakhov等[36, 37]还指出,在压力较小的情况下孔隙气体的黏性也对饱和土的压缩特性有显著影响。

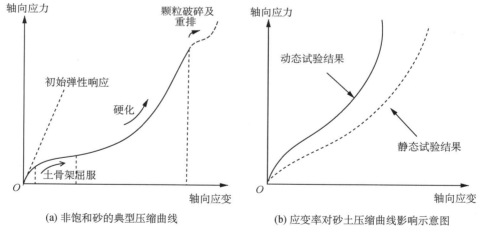

(a) 非饱和砂的典型压缩曲线　　　　(b) 应变率对砂土压缩曲线影响示意图

图1.4　非饱和砂土一维压缩曲线[33]

1. 早期试验研究成果

在20世纪50年代到80年代,研究人员主要使用改进的土工试验仪器对砂土动态力学特性进行研究。由于当时的研究目的主要是为计算平面波在地基中的传播提供材料参数,因而大多数研究是针对砂土在准一维应变条件下的动态力学特性。对仪器的改进主要包括加载方式以及测量手段,表 1.1 总结了这些研究中的加载方法、应力峰值、砂土特性以及升压时间。

表 1.1　早期关于砂土动态力学特性的试验研究

文献	加载方法	应力峰值/MPa	砂土特性	升压时间/ms	注解
Whitman[33]	液压/气压	1.4	细砂	15	建立了多次波反射理论,实现了应力均匀化
Heierli[41]	落锤	1.7	良好级配的砂及砾石	5	基于试验对波传播问题进行了理论分析
Schindler[42]	气压	2.1	级配不良的细砂	25	—
Jackson[43]	气压/炸药	40	Enewetak 礁砂	0.3	升压时间低于 0.3 ms,惯性效应将影响试验结果
Farr[40]	气压/炸药	70	级配不良的石英砂和珊瑚砂	0.4	强调了装样的重要性;证明升压时间低于 0.3 ms 的数据不可信

图 1.5 所示的 WES-0.1msec 设备是这些改进设备中最具有代表性的[38,39]。该设备由美国工程兵水道试验站研究设计,可对试样进行应变率范围在 $10^{-3} \sim 10^3$ s^{-1}、峰值应力小于 70 MPa 的准静态或动态加载[44]。Farr[40] 使用此设备研究了应变率对四种非饱和土力学特性的影响,包括珊瑚砂、细粒石英砂、粉砂以及黄土。试验结果表明,这几类土的压缩模量均会随应变率的增大而提高,但提高的程度与砂的种类、密实度及应变率量级有关。由于珊瑚砂易破碎,其动态压缩模量可超过准静态压缩模量 125%,但是对于石英砂却仅有 25% 的差别。松散

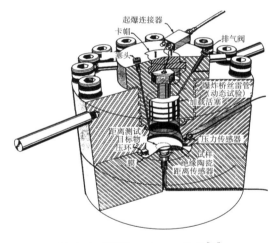

图 1.5　WES-0.1msec 设备[40]

黄土具有非常明显的率效应,但在密实状态下却几乎没有。另外,当应变率超过 10 s^{-1} 后,继续增大应变率对压缩模量的影响较小。其研究结果还表明,在应力幅值相等的情况下,土颗粒的破碎程度会随应变率的增大而减小。

2. 使用 SHPB 设备得到的研究成果

作为在早期关于强荷载作用下土动力学问题的研究中比较成熟的设备,WES-0.1msec 仍存在很多问题,包括设备尺寸过大不易操作、油腔密封问题、高压下应力-应变的测量问题和试样的应力平衡问题等。因而,当时已在金属材料动态力学特性研究领域中得到广泛应用的 SHPB 设备引起了土动力学研究者的兴趣。

SHPB 全称为分离式霍普金森压杆(Split Hopkinson Pressure Bar),其原型由

Hopkinson[45]于 1914 年设计,在历经 Davies[46]、Kolsky[47]等人的发展后,形成了目前成熟的 SHPB 实验系统。图 1.6 所示为 Kolsky 实验装置简图,该装置与目前常用的 SHPB 装置的区别仅在于驱动方式和测量手段,因此,Kolsky 被认为是 SHPB 实验技术的创始人[48]。SHPB 设备的核心思想是将试件的应力波效应与应变率效应解耦,其基本要求包括两点:①压杆始终处于弹性状态;②试件始终处于应力平衡状态。对于同时起到冲击加载以及动态应力、位移测量作用的入射杆和透射杆,由于始终处于弹性状态,因此可以只分析应力波在其中的传播;而对于加在入射杆和透射杆之间的试件,若其长度足够短,使得应力波在试件两端传播所需要的时间与加载总时间相比非常小,则可将其看作在高应变率下的"准静态"试验[49]。SHPB 设备解决了早期研究设备中的一些问题,包括试验的安全性、可操作性以及动态应力-应变的测量手段。

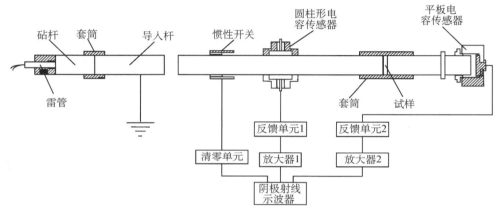

图 1.6　Kolsky 实验装置简图[47]

　　Fletcher 和 Pooroohasb[50]最早将 SHPB 设备应用于土动力特性的研究。然而由于其论文中关于试验细节的描述较少,因此并未使 SHPB 设备成为土动力特性研究领域的主流试验技术。

　　在大多数关于金属、岩石等固体的 SHPB 试验中,试件侧面均为不受约束的自由表面。然而对于砂土这类多孔隙的松散介质,当其有效应力为零时,强度也近似为零,因此无法保持固定的形状。Felice[51]将砂土装填于一厚壁圆筒内,从而将试样的受力状态由准一维应力状态变为准一维应变状态,这种方法被后来的大多数研究人员采用。Felice 还详细分析了试件的应力平衡、试件的径厚比、端面摩擦和压杆弥散等对试验结果的影响,进而将 SHPB 设备成功引入高应变率、高应力幅值的土动力学研究领域。

　　Bragov[52]使用粘贴在套筒外壁的应变片测量了在砂土 SHPB 试验中套筒的变形,并通过弹性模型计算得到了套筒内壁所受压力,其值即等于试样的侧向应力。使用该方法可以获得试样三个主应力的大小,从而为建立土的三维动态本构关系提供了全面的试验数据。为了减小摩擦对试验结果的影响,Bragov[53]认为应选用高硬度的材料制作套筒,并需在套筒内表面涂抹润滑剂。其试验结果表明,砂土的平均应力与平均应变服从幂函数关系,抗剪强度与平均应力近似服从线性关系。

Semblat[54]通过在刚性套筒上增加额外的压杆,也实现了对试样侧向应力的测量。然而与 Bragov 的方法相比,该方法需对 SHPB 装置进行改装,因而并未得到广泛应用。Semblat 还研究了约束条件(包括刚性约束、半刚性约束以及柔性约束)对试验结果的影响。由于缺少对试样侧向应力、侧向应变的测量以及对侧向惯性效应的评价,因而只能得出定性结论,即试样的压缩模量随约束条件的减弱而减小。

如前所述,SHPB 试验结果有效的基本前提是试件处于均匀变形状态,即试件两端应力基本相同。实际上,金属压杆的波阻抗远高于砂土(前者通常为后者的几十倍),因而应力波至少要在试件中往返四个来回才能将试件两端的应力差降至10%以内[49]。部分研究人员通过延长加载波的升压时间,从而使试件中的应力波有足够的时间来降低试件两端的应力差。通过在入射杆端面粘贴整形器的方法可以达到该目的。Song 等[55]在研究干燥细砂的应变率效应时,采用退火铜作为整形器,取得了较好的效果。其在试验中还选用三种不同材料的套筒,包括钢、聚碳酸酯以及热缩管,以研究约束条件对试样动态力学特性的影响。不过与 Semblat 的试验相似,由于没有对试样侧向应力、应变的测量以及对惯性效应的评价,相应的试验结果也只能用作定性分析。其在研究中还使用 MTS 设备进行准静态加载,并与 SHPB 的试验结果进行了对比。考虑到试验结果离散性较大,认为应变率对石英砂力学特性的影响并不明显。

由于砂土试样需要保证一定的厚度才能将其视为连续体,因此在保证土中应力平衡的前提下,土试样的应变率通常不能超过 $1\,000\ \text{s}^{-1}$。在应变率受限的条件下,SHPB 试验中试样能达到的最大应变将由加载脉冲的时长决定。而常规 SHPB 设备的加载脉冲长度通常受到入射杆长度限制,因此为了获得砂土试样在较大应变范围内的应力-应变曲线,需要使用入射杆较长的设备。Luo 等[56,57]使用入射杆长度达 7.5 m 的 SHPB 设备研究了应变率在 $610\sim675\ \text{s}^{-1}$ 范围内,试样的初始密度、颗粒粒径、含水率对 Eglin 砂土的动态应力-应变关系的影响,试验中试样的应变峰值和应力峰值分别达到了 0.25 和 360 MPa。试验结果表明,初始密度越大、颗粒粒径越小,试样的压缩模量越大。不同密度试样的体积变形关系在密度-平均应力的半对数坐标系中均近似呈两段线性关系:第一条线段对应着颗粒的弹性变形,第二条线段对应着颗粒的破碎与重组,两条线段之间的过渡区域对应着包括破碎、颗粒滑动及滚动等多种复杂形式的变形。较低含水率试样的变形规律与干燥试样无明显区别,而较高含水率试样的压缩模量将因试样在变形中达到饱和而显著增大。

在前述的许多 SHPB 试验中都有关于砂土颗粒破碎的分析,然而在常规 SHPB 技术中,由于反射拉伸波会在入射杆的撞击端形成压缩波,从而对试样造成二次加载,这将导致回收试样的应力历史与实测数据不一致,并影响对砂土颗粒破碎的定量分析。由于砂土的波阻抗远低于压杆,因此透射脉冲远小于反射脉冲,导致二次加载对试验结果的影响程度较大。为解决该问题,Nemat-Nasser[58]提出了能实现单次脉冲加载的技术。如图 1.7(a)所示,在此方案中,第一次反射拉伸波将被额外增加的入射管吸收,从而避免了第二段压缩波的形成。Song 和 Chen[59]通过增设预留间隙的方法进行了改进,使得单次加载试验更易实施,其试验装置如图 1.7(b)所示。

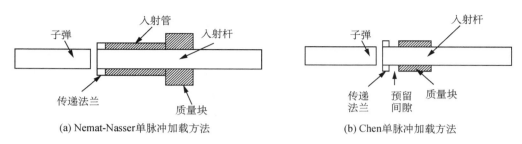

(a) Nemat-Nasser单脉冲加载方法　　　(b) Chen单脉冲加载方法

图 1.7　单脉冲加载方法示意图

Barr[22]和黄俊宇[60,61]使用单脉冲加载技术研究了 SHPB 试验中石英砂颗粒的破碎情况。Barr 主要研究了含水率对颗粒破碎的影响,图 1.8(a)和(b)分别为低含水率和高含水率下砂土颗粒破碎情况随含水率升高的变化。当含水率 w 低于 7.5% 时,颗粒破碎程度随着含水率的升高而略有增加。Barr 认为这是因为随着含水率的升高,颗粒间的摩擦力会减小,从而增加了可用于颗粒破碎的能量的比例。而当含水率 w 高于 7.5% 时,在加载过程中试样将达到饱和,之后孔隙水将承担大部分的压力。由于含水率越高,试样达到完全饱和状态的应变越小,因而试样的破碎程度会随着含水率的升高而显著降低。

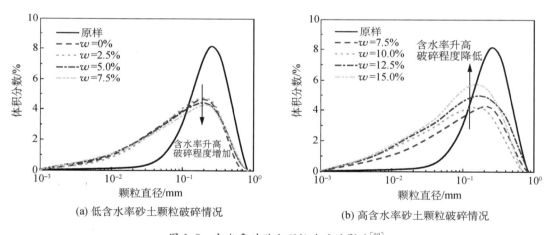

(a) 低含水率砂土颗粒破碎情况　　　(b) 高含水率砂土颗粒破碎情况

图 1.8　含水率对砂土颗粒破碎的影响[22]

黄俊宇[60,61]进行了石英砂的准静态压缩试验和 SHPB 试验,发现在准静态试验中颗粒的破碎程度明显高于 SHPB 试验,并认为颗粒破碎是砂土应变率效应产生的本质。试验结果表明,当采用 Einav 相对破碎指数量化颗粒的破碎程度时,试样的塑性体积变形增量与颗粒破碎增量近似呈线性关系。

Veyera[62]使用 SHPB 设备研究了饱和度对 Eglin、Tyndall 和 Ottawa 这三种砂土的动态压缩特性的影响,图 1.9 所示为这三种砂土在不同饱和度条件下的轴向应力-应变曲线。从图中可以发现,所有试样在达到一定应变值后,其切线压缩模量均会出现陡增现象,Veyera 将这种现象命名为"锁变"现象。由于陡增段斜率与纯水近似相同,因此,

Veyera 认为锁变现象发生后非饱和土中的主要变形来自水的压缩。

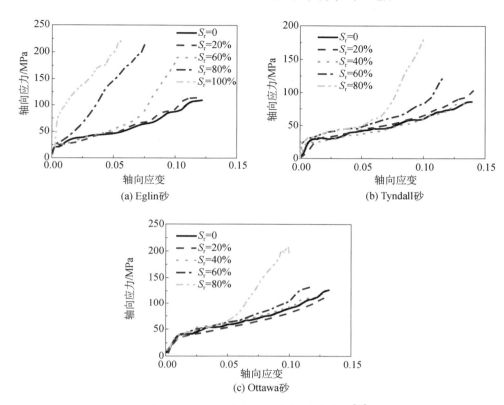

图 1.9 非饱和砂土动态应力-应变曲线[62]

目前关于珊瑚砂的 SHPB 试验中试样均为干燥状态。魏久淇等[63, 64]研究了初始密度及应变率对干燥珊瑚砂及石英砂动力特性的影响,发现:在初始密度相同时,石英砂的压缩模量远大于珊瑚砂;砂土试样的初始密度越大,其压缩模量越大;两种砂土在试验的应变率范围内没有明显的率效应。文祝等[65]研究了准静态荷载及动态荷载作用下,珊瑚砂干砂的强度及体积变化规律,发现珊瑚砂在动态加载条件下的体积压缩模量明显大于静态加载条件下的体积压缩模量。

1.2.3 超高应变率下砂土动态力学特性

由于砂土 SHPB 试验成本低且易于操作,因此在近几十年里被越来越多地应用于中高应变率下砂土动态压缩特性的研究。然而 SHPB 试验技术的两个基本要求限制了其应用范围:①由于压杆必须处于弹性阶段,导致试验中的应力幅值最多只能达到数百兆帕;②由于试件必须处于应力平衡状态,且必须保证一定的厚度才能将其视为连续介质处理,因而试件的应变率最多只能达到 $10^3 \ \mathrm{s}^{-1}$ 量级。然而对于岩土中的爆炸冲击问题,在炸药或弹丸附近的应力幅值通常能达到数吉帕,相应的应变率通常在 $10^4 \ \mathrm{s}^{-1}$ 以上。为研究在这种强度等级的荷载及应变率条件下砂土的力学特性,就需要使用与"均匀变形"思路不同的另一类方法——波传播反演分析法。该方法通常将试件设计为易于进行应力波传播分析的简单形状,在已知初边条件下,测量波传播的信息或其残留结果,由此来反推材料的动态本构关系[49, 66]。其中由气炮驱动的平板撞击试验[67]因其加载压力可控、数据重复性好、测量结果精度高等优点成为目前研究材料在动高压作用下物理力学特性的主要技术。平板撞击试验是在冲击波理论基础上建立的试验技术,一般情况下此类试验都是通过测定冲击波在试件中的传播速度以及波后的粒子速度,获得 D-u 形式的冲击绝热线,进而获得材料的压力比容关系。

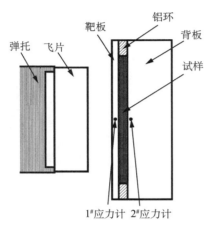

图 1.10   砂土平板撞击试验示意图[68]

Chapman 等[68]利用平板撞击试验研究了含水率对砂土冲击特性的影响,其试验设计如图 1.10 所示。试验的应力范围为 0.52~5.76 GPa,粒子速度范围为 0.26 ~ 0.79 km/s。所用砂土试样的平均粒径为 0.23 mm,颗粒比重为 2.65,试样干密度为 1.45 g/cm³。砂土试样包括干砂及含水率分别为 10%,20% 和 22% 的非饱和砂土。

根据不同含水率砂土试样的试验结果可以发现,当含水率低于 10% 时,砂土冲击特性受含水率影响不大,而当含水率为 20% 和 22% 时,含水率的略微增大都能显著提升在相同粒子速度下的冲击波速度以及 D-u 曲线的斜率(图 1.11)。

Neal[69]研究了颗粒尺寸对脆性颗粒材料冲击压缩特性的影响,所用试样为平均粒径分别为 63 μm,200 μm 以及 500 μm 的钠钙玻璃球,三种试样具有相当的初始密度。试验结果表明,在相同压缩比下,颗粒粒径越小,压力越大。然而这种差异随着压力的增大而减小,当压力大于 2.5 GPa 时,其密度与压力的关系基本与玻璃球基底材料的相同。

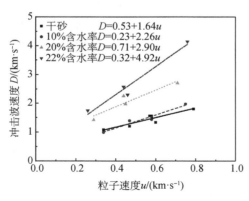

图 1.11   不同含水率石英砂试样的
D-u 曲线[68]

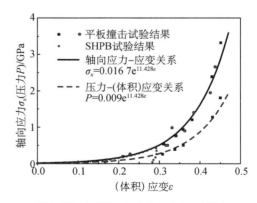

图 1.12   SHPB 试验结果与平板撞击
试验结果对比[70]

Bragov[70]同时进行了石英砂的 SHPB 试验和平板撞击试验,其试验结果如图 1.12 所示,可以发现,两种试验手段的应力范围具有重合部分(200~500 MPa)。

试验结果表明,当应变率在 $10^3 \sim 10^5 \ \mathrm{s}^{-1}$ 范围内时,石英砂的变形没有明显的率效应。

1.3 土中爆炸波传播规律

1.3.1 研究现状

土中爆炸波是指由炸药爆炸而在土中产生的应力波[71]。第二次世界大战中高能炸药的大量应用,对地下工程提出了越来越高的要求,因而在不同场地条件下土中爆炸效应的研究受到了广泛的重视。图 1.13 所示为浅埋爆炸的主要力学效应,包括爆炸成坑、空气冲击波、在成坑过程中直接耦合入土壤中的能量所形成的直接地冲击波以及由空气冲击波形成的感生地冲击波。

若爆源埋深较大以致在爆炸前后地表没有明显的变化,则称这种爆炸为封闭爆炸。封闭爆炸情况下的力学效应仅包括形成爆炸腔以及直接地冲击波。在地下工程的支撑结构未受到直接毁伤时,爆炸地冲击波将成为结构的主要荷载,因而研究爆炸地冲击波在土壤中的传播衰减规律具有重要意义。

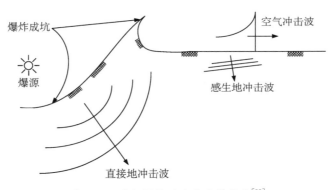

图 1.13 浅埋爆炸的主要力学效应[33]

美国陆军工程兵水道试验站[72-74]于 1973—1977 年完成的 CENSE 化爆试验研究了岩土中爆炸埋深对爆炸地冲击破坏效应的影响,获得了饱和及非饱和土中爆炸波的衰减规律。

美国的《常规武器防护设计基础技术手册》(TM5-855-1)[75]给出了地冲击波峰值压力的计算公式及计算参数:

$$P_0 = f \cdot (\rho c) \cdot 160 \cdot \left(\frac{R}{\sqrt[3]{W}}\right)^{-n} \tag{1.1}$$

式中,P_0 为峰值压力,R 为测点与爆心距离,W 为装药重量;c 为地震波波速(弹性波速),ρc 为声阻抗,n 为衰减系数,其数值与土介质相关,如表 1.2 所示;f 为与药包埋深相关的耦合系数,其取值如表 1.3 所示。

表 1.2　计算不同特性土介质地冲击的参数[75]

土类型	地震波波速 $c/(\text{m} \cdot \text{s}^{-1})$	声阻抗 $\rho c/[(\text{g} \cdot \text{cm}^{-3}) \cdot (\text{m} \cdot \text{s}^{-1})]$	衰减系数 n
低相对密度的松散干砂和砾石	183	271	3～3.25
砂质填土、黄土、干砂和回填土	304	497	2.75
高相对密度的密实砂	487	994	2.5
含气率大于 4% 的潮湿砂质黏土	549	1 085	2.5
含气率大于 1% 的饱和砂质黏土和砂	1 524	2 938	2.25～2.5
强饱和黏土和泥质页岩	>1 524	3 390～4 068	1.5

表 1.3　地冲击耦合系数[75]

比例爆深/$(\text{m} \cdot \text{kg}^{-1/3})$	−0.08	0	0.08	0.16	0.24	0.32	0.40	0.48	0.56
耦合系数 f	0.19	0.39	0.58	0.69	0.78	0.85	0.91	0.97	1.00

Lyakhov 等[36, 76-84]在 20 世纪六七十年代进行了大量土中爆炸试验,得到了爆炸波在不同性质砂土中的传播衰减规律。试验结果表明,砂土中爆炸波的峰值法向应力的衰减服从式(1.2),爆炸波的冲量的衰减服从式(1.3)。

$$P_0 = K_1 \left(\frac{R}{\sqrt[3]{W}} \right)^{-\mu_1} \tag{1.2}$$

$$I = K_2 \sqrt[3]{W} \left(\frac{R}{\sqrt[3]{W}} \right)^{-\mu_2} \tag{1.3}$$

式中,K_1,μ_1,K_2,μ_2 均为与砂土性质有关的参数,不同类型砂土的参数取值如表 1.4 所示。

表 1.4　峰值应力及冲量衰减参数[84]

土类型	骨架密度 $/(\text{g} \cdot \text{cm}^{-3})$	含气率 α_1	含水率 $w/\%$	K_1 /MPa	μ_1	K_2 $/(\times 10^3 \text{ MPa} \cdot \text{s})$	μ_2
饱和砂	1.52～1.6	0	—	60	1.05	8	1.05
		5×10^{-4}		45	1.5	7.5	1.1
		10^{-2}		25	2	4.5	1.25
		4×10^{-2}		4.5	2.5	4	1.4
非饱和砂	1.5～1.55		2～4	0.35	3.3	3.2	1.5
	1.45～1.55		3～6	0.28	3.3	3.2	1.5
	1.45～1.55		5～7	0.6	3.2	3.2	1.5
	1.5～1.55		10～12	0.8	3	4	1.5
自然堆积砂土	1.52～1.6		8～10	0.75	3	4	1.5

Vovk 等[85]针对不同含水率的砂土以及黄土中爆炸波的传播衰减规律进行了系统的研究,并建立了适用于三相饱和土中爆炸波传播衰减的黏塑性计算模型。

赵跃堂等[86,87]利用平面波加载装置,系统地研究了爆炸波在饱和土自由场中的传播规律及其在刚性边界上的反射问题,试验结果表明:饱和土中气体含量是控制爆炸波传播规律的主要因素;自由场中应力峰值可能随深度的增加而增加;在刚性边界上,荷载反射系数可能大于 2,这一点与非饱和土有明显的不同。

穆朝民等[88]进行了饱和土中集团装药的爆炸试验,通过分析试验结果得出饱和土中爆炸波由冲击波转换为压缩波时的压力值为 2 MPa,解释了饱和土中爆炸冲击波传播时出现流体动力区和冲击波形成及衰减的机制。

叶亚齐等[89]研究了埋深对砂质黏土中爆炸地冲击波参数的影响,试验结果表明,当装药比例埋深小于 $1.0 \text{ m/kg}^{1/3}$ 时,装药比例埋深越大,地冲击参数的峰值越大,但爆炸地冲击参数经验公式的衰减指数大致相同。当装药比例埋深达到 $0.80 \text{ m/kg}^{1/3}$ 以后,装药比例埋深对爆炸地冲击参数的影响不再明显。

卢强等[90]采用微型泰安炸药球作为爆源,在米级尺度的黄土样品中进行了球面波加载试验。以实测球面波径向粒子速度为基础,结合强间断波相容条件及变模量本构模型假设,反演得到了黄土的弹性常数。将黄土视作线黏弹性材料,通过求解误差函数极小值的方法获得了黏土的松弛剪切模量及松弛因子。利用这些参数对球面波在黄土中的传播进行了数值模拟,取得了与试验一致性较好的结果。

徐学勇[91, 92]使用雷管作为爆源对不同密实度的饱和珊瑚砂进行了爆炸试验,测量了试样中土压力、孔隙水压力、加速度等的变化,初步研究了饱和珊瑚砂中的爆炸效应。但由于其试样尺寸及爆源当量均较小,因此爆炸波的最大压力仅有十数千帕,与地下工程需要考虑的爆炸波压力相差较多。

虽然近几十年来已有大量关于土中爆炸地冲击波传播衰减现象的研究,但迄今为止对该问题的认识还不够深入,且不同研究中给出的试验结果也有较大差异[93]。针对非饱和珊瑚砂中爆炸地冲击波传播衰减规律的试验研究尚未可见。

1.3.2 计算模型

由于实际工程中土体的尺寸远大于其微观结构,因此,现有的大多数关于土中爆炸波传播的计算模型都是建立在连续介质力学的基础上。由于土介质组成及结构的复杂性,实际上并不存在一种能描述土介质所有力学行为的模型。每种土的计算模型都只能反映在具体问题中占主导地位的某些特性。因此,土的每种计算模型都有它的应用范围和局限性,一旦超过特定的范围,原先可以忽略的那些效应可能就会变得重要起来[94]。

1. 简化计算模型

对于砂土中爆炸波传播的计算,仅在对砂土模型进行充分简化的情况下才具有理论解。图 1.14 给出了两种常用的简化计算模型,分别为塑性流体模型[95](*OBDE* 线)和塑性密实固体模型[37](*OAED* 线)。

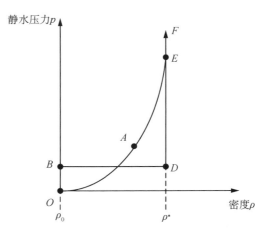

图 1.14 砂土简化计算模型

塑性流体模型是指经过冲击压缩的砂土可以看作理想的不可压缩流体（不存在应力偏量），受爆炸波压缩的土壤中压力和密度的关系由式（1.4）表示，该模型可用于计算饱和度较高的砂土或非饱和砂土在极高压力作用下的动力响应。

$$\rho = \begin{cases} \rho_0, & p < p_k \\ \rho^*, & p \geqslant p_k \end{cases} \tag{1.4}$$

塑性密实固体模型是指土介质在达到压实密度 ρ^* 之前，冲击波阵面处的介质密度与介质静水压力相关；当介质被压缩至压实密度 ρ^* 后，其密度不再随压力的增大而继续增大；相应的压缩曲线可用式（1.5）表示。

$$\rho = \begin{cases} f(p), & p < p_{com} \\ \rho^*, & p \geqslant p_{com} \end{cases} \tag{1.5}$$

2. 三相介质压缩模型

对于三相饱和土来讲，如果知道其各组分的特性及含量，在一定压力范围内可以使用 Lyakhov[96,97] 推导的三相介质压缩模型。该模型假设在压力作用下土中每一组分的密度可按其在自由状态下相应的压缩规律来决定。该方程的具体形式可以写为

$$\frac{\rho_0}{\rho} = \sum_{i=1}^{3} \alpha_i \left(\frac{p - p_0}{B_i} + 1 \right)^{-1/n_i} \tag{1.6}$$

式中，ρ_0 为初始压力 p_0 下介质的密度；ρ 为压力 p 下介质的密度；$i = 1, 2, 3$ 分别对应于气态、液态和固态组分；α_i 为第 i 组分的初始体积含量；n_i 和 B_i 为第 i 组分的 Tait 物态方程系数。

由于式（1.6）并未考虑土骨架的强度和可压缩性，因此仅适用于压力超过某个 p^* 值的情形，当 $p < p^*$ 时，砂土的变形仍由土壤的骨架变形所控制。Lyakhov[84] 指出，当 $\alpha_1 = 0$ 时，p^* 值约为大气压；当 $\alpha_1 = 0.02 \sim 0.04$ 时，p^* 值约为几个大气压；当 $\alpha_1 = 0.12 \sim 0.18$ 时，p^* 值约为几千个大气压；当 $\alpha_1 = 0.2 \sim 0.3$ 时，p^* 值可达到几万个大气压。

由于在任何密实介质中（与气体相比），在压力不是太大的情况下，熵的变化引起的压力的热分量总是远小于压力的弹性分量。在这种情况下，式（1.6）即可看作土壤的完全物态方程，有时将这类物态方程称为正压介质物态方程[98]。

3. 黏塑性帽盖模型

帽盖模型的最初设想是由 Drucker 等[99] 提出，通过原来的 Drucker-Prager 屈服函数的开口端加上一个半球形的"帽子屈服面"来考虑在静水压力作用下土的屈服现象。Dimaggio 等[100, 101] 在剑桥模型的基础上建立了帽盖模型，并将其应用于地下爆炸的数值计算之中。帽盖模型的主要特点在于可以拟合多种加载路径下的试验数据，准确描述地质材料的主要形状。图 1.15 为典型的帽盖模型屈服函数，其由破坏包络面和等向硬化帽盖组成。An 等[102, 103] 分别将 Perzyna 和 Duvant-Lions 两类黏塑性理论与帽盖模型耦合，从而建立了黏塑性帽盖模型；利用 LS-DYNA 软件的二次开发接口将该模型添加至材料库

中,并利用其计算了浅埋爆炸情况下爆轰
产物喷射、土中成坑等效应以及爆炸波传
播规律,得到了与试验数据较为一致的
结果。

4. 流体弹塑性模型

流体弹塑性模型最早是由郑哲敏和解
伯民[104]提出,主要用于预测地下核爆炸试
验中空腔形状尺寸、压力衰减规律等。国
外学者 Wilkins[105]、Chou 和 Hopkins[106]
等也先后独立发展出了流体弹塑性模型。

流体弹塑性模型将介质当作兼有流体

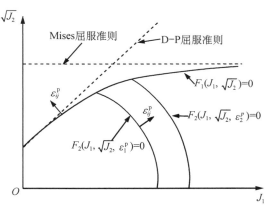

图 1.15　帽盖模型的屈服函数

性质或弹塑性固体性质的连续介质,并用统一格式的方程组表达其物理力学特性,从而避
免了分区模型中由人为划分方法引入的不确定因素。其基本内容为:在介质受到爆炸、冲
击等荷载作用时,在距离作用位置不远处,其压力 p 是非常大的(一般在 10 GPa 以上)。
由于材料的强度 τ 是有限的,如果材料的强度与其受到的冲击压力相比可以忽略不计,则
流体动力学模型可以提供较好的近似,一般认为 p/τ 要大于 100 才比较合适[66]。由于冲
击波在介质中衰减十分迅速,这种近似条件很快就会不满足,当冲击压力减小至与材料剪
切强度的量级接近或相当时,模型将自然过渡为弹塑性模型。该模型被广泛应用于岩土
工程中的问题,如地下核爆炸[104]、触地爆炸[107]和超高速撞击[108]的计算之中。

1.4　砂土的液化特征

1.4.1　液化的定义及评价指标

砂土的循环特性及其液化可能性长久以来一直是土力学关注的热点内容。液化的概
念首次由 Casagrande[109]于 1936 年提出,而液化最初的研究是从 1966 年 Seed[110]开始。
在国内,液化研究的先驱者以汪闻韶[111-113]为代表。液化最初的研究主要关注的是液化
判别,其后进一步的研究重点是对流动液化和循环活动的区分和预测。在流动液化和循
环活动两种动力表现中,由于土体结构的收缩趋势,超孔隙水压力均会出现。超孔隙水压
力的增大会使土体的有效应力减小,若动荷载持续作用,土体强度甚至会完全丧失。

在岩土工程领域,稳态和临界状态理论被广泛应用于砂土液化特性的研究。稳态理
论认为,在常体积条件下,砂样的应力状态向稳态有效应力靠近,而与初始有效围压大小
无关。高围压下,松散的纯砂会表现出收缩的趋势,同时伴随着孔压的增大,最终可能会
液化(流动液化)。这意味着在荷载的周期作用下,松砂会经历孔压的增大和强度的丧失。
对于有剪胀趋势的密砂而言,荷载的循环作用同样会使孔压出现增大。但是密砂孔压的
增大是在小应变下,体积初始表现出的收缩所致。在荷载的继续循环作用下,密砂表现出
剪胀趋势,伴随着的是孔压的减小。因此,对于密砂表现出的孔压增大,以循环活动来表

征。Kramer[114]对流动液化与循环活动的区别作出了实际的划分。一方面,循环活动表现出的是有限的变形,而流动液化呈现出的是无限变形的可能;另一方面,循环活动中,孔压虽然会稳定增大,但是当大变形发生时,土体体应变由收缩向扩容的转换趋势会使得超孔压出现减小,土体强度部分恢复。

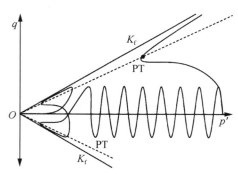

图 1.16　砂土静、动力应力路径

研究应力路径的变化可以有效地分析荷载条件的影响和土体特性的变化。如前面所述,对砂土静力应力路径的分析能够加深对砂土动力特性的理解。通过砂土静力试验确定的状态点在理论上是与动力条件下对应的状态点一致。典型的砂土静、动力应力路径如图 1.16 所示。在单调加载下,砂土先表现出剪缩的趋势,随后转换成剪胀的状态。相位的转换,在应力路径上形成一个弯头的形态。弯头表现得愈加显著,则剪缩的趋势愈加明显。相位转换后,在试验的应变硬化阶段,对应的应力路径沿着 K_f 线变化。随着土体的继续变形,应力路径向稳态线靠近。在应力空间中,稳态线与 K_f 线十分接近。砂土在循环荷载下,由于超孔压的逐渐增大,对应的有效应力会随之逐渐减小,在应力路径上即表现为应力路径从右往左移动。因为剪应力与孔隙水压力的大小无关,故剪应力随着荷载的循环呈现出上下振荡。在循环荷载的初始作用下,砂土同样也表现为剪缩,但当应力路径跨过相位转换线时,砂土会表现出剪胀的趋势,有效应力会增大。应力路径会沿着失效线变化,直至循环中压缩部分结束。最终,砂土动力应力路径表现出"蝴蝶"的形状。

在砂土液化评价的研究中,有诸多的呈现形式,最普遍的是以失效循环次数与循环应力比的关系来表现。其中,循环应力比是循环剪应力与初始有效围压的比值。失效循环次数与循环应力比的关系至少需要三组不同循环应力幅值的试验才能够确定。砂土的密度、围压、加载方式、固结方式、失效准则、土的类别均对液化的评价有着重要影响。

1.4.2　珊瑚砂液化特性

过去的研究对循环动荷载下珊瑚砂力学特性的了解还不够深入。对珊瑚砂在循环荷载下的动力性质的研究始于海上石油平台的建设需要。在暴风下,波浪荷载会循环地作用于海上钻井平台,这会对置于珊瑚砂内的桩基础的稳定性产生重大影响。波浪荷载相对于地震荷载而言,其产生的剪应力小,但是循环次数多,能达到几千次。Airey 等[115]基于波浪荷载这一特性,对澳大利亚北大陆架的珊瑚砂开展了多达几千次往复的低幅动三轴试验,发现珊瑚砂的循环强度高于普通石英砂,并认为是由于珊瑚砂颗粒的多尖端,使得颗粒间咬合更好,构成更稳定的结构,从而抗液化能力高。波浪荷载作用的另一特征是在荷载循环过程中,土体的主应力轴会发生连续偏转。主应力轴的偏转同样会使土体产生塑性变形,使土体的动力特性出现明显的变化。基于波浪荷载的这一特性,虞海珍[30]、李建国[31]利用改进的多功能三轴仪模拟波浪荷载的作用,对珊瑚砂的波浪动力液化特性进行了初步分析。

对珊瑚砂的地震荷载响应特性研究,更多的是通过动三轴试验了解地震荷载对珊瑚砂液化可能性的影响。循环应力比越大,失效循环次数越少,即珊瑚砂更易液化,这与一般砂的液化特性一致。由于有效围压的增大,珊瑚砂会表现出更大的收缩性,因此,有效围压越大,失效循环次数越少,珊瑚砂越容易液化。但学界对有效围压的影响存在认识分歧。Stedman[116]在石英砂的循环试验中观察到,有效围压的增大会降低液化的抗力,但对于松砂来说,有效围压的变化几乎对液化势没有影响。Hyodo 等[117]发现有效围压对 Shirasu 珊瑚砂抗液化能力的影响不明确,但对于 Dogs Bay 和 Cabo Rojo 珊瑚砂,有效围压的降低会提高其抗液化能力。Yunoki 等[118]和 Ishihara 等[119]发现围压对相对密度在 $50\% \sim 70\%$ 之间的石英砂没有影响。Finn 等[120]甚至提出,对于给定的孔隙比,石英砂的循环应力比和失效循环次数均与围压无关。因此,有效围压对珊瑚砂抗液化能力的作用机制还需要深入探究。此外,珊瑚砂的相对密度越大,越难发生液化。

对于爆炸荷载作用下珊瑚砂动力特性的研究目前还是寥寥无几。在国内,只有徐学勇[92]进行了初步的研究,发现了爆炸波在饱和珊瑚砂中随爆距及相对密度变化的传播衰减规律。爆炸引起的超孔隙水压力在 $10 \sim 30$ ms 内达到峰值,在前 3 min 内迅速消散,耗散范围超过 90%;与石英砂的爆炸动力特性相比,珊瑚砂中的爆炸波衰减更快,响应偏弱。国外于 20 世纪 80 年代,Charlie 等[121]和 Hubert[122]均研究了饱和 Eniwetok 珊瑚砂在爆炸下的动力特性,分别建立了冲击荷载下孔压比、残余超孔压与峰值应变、初始有效应力及相对密度的关系:

$$PPR = 5.81 \left(\sum \varepsilon_{pk} \right)^{0.429} (\sigma_0')^{-0.176} (D_r)^{-0.022} \qquad (1.7)$$

$$u_e = 5.81 \left(\sum \varepsilon_{pk} \right)^{0.429} (\sigma_0')^{0.824} (D_r)^{-0.022} \qquad (1.8)$$

式中,PPR 为孔压比;ε_{pk} 为峰值应变;σ_0' 为初始有效应力;D_r 为相对密度;u_e 为孔隙水压力。

Veyera 等[123]于 2002 年再次研究了 Eniwetok 珊瑚砂在一维冲击荷载下的孔压响应特征,再次证实了 Hubert 建立的孔压与峰值应变、初始有效应力及相对密度的关系的正确性。试验发现,只有峰值应变大于 0.01%,孔隙水压力才会增加约 50%;而当峰值应变超过 0.1% 时,液化均会发生。与石英砂相比,珊瑚砂颗粒的强度弱,会表现出明显的动力响应差异。

1.5 现有研究中存在的问题

虽然学者们已对陆源沉积砂动态力学特性及爆炸地冲击波衰减规律开展了大量研究工作,但是针对珊瑚砂的研究还处于起步阶段,目前仍有许多问题有待解决,主要包括:

(1) 珊瑚砂由于赋存环境特殊,在实际工程中具有不同的含水率,目前尚无关于含水率对非饱和珊瑚砂在高应变率下动态力学特性的研究。另外,在已有的非饱和砂土SHPB试验研究中,装样容器仍存在密封问题,因此难以准确分析饱和度较高砂土的动态力学特性。

（2）对于珊瑚砂这种声阻抗较低的材料,使用半导体应变片作为测量手段可以获得精度较高的SHPB试验结果,但是在已有的砂土SHPB试验研究中,研究人员并未分析半导体应变片的非线性及拉压不对称性对试验结果的影响。

（3）目前尚无关于非饱和珊瑚砂中爆炸试验的数据,因而试样含水率、药包埋深等因素对非饱和珊瑚砂中爆炸波基本参数的影响仍未可知,且尚无针对珊瑚砂中爆炸波传播衰减规律的计算模型及参数。

（4）珊瑚砂的循环动力特性没有形成系统的、理论性的成果。

不同海域的珊瑚砂在动力特性研究中也表现出了差异性。对于南海珊瑚砂地基而言,应在现有研究方法的基础上,对其特性展开全面的研究。本书将针对上述几个问题展开讨论,主要利用试验手段,辅以数值模拟,对珊瑚砂的动力特性进行全面、系统的探索。

参考文献

[1] 王新志. 南沙群岛珊瑚礁工程地质特性及大型工程建设可行性研究[D]. 武汉:中国科学院研究生院(武汉岩土力学研究所),2008.

[2] 吴京平,楼志刚. 钙质土的基本特性[C]//中国土木工程学会第七届土力学及基础工程学术会议论文集,1994.

[3] ALBA J L, AUDIBERT J M. Pile design in calcareous and carbonaceous granular materials, and historic review[C]//Proceedings of the 2nd International Conference on Engineering for Calcareous Sediments, Rotterdam: AA Balkema, 1999, 1: 29-44.

[4] WANG X, JIAO Y, WANG R, et al. Engineering characteristics of the calcareous sand in Nansha Islands, South China Sea[J]. Engineering Geology, 2011, 120(1): 40-47.

[5] 蒋明镜,吴迪,曹培,等. 基于SEM图片的钙质砂连通孔隙分析[J]. 岩土工程学报,2017,39(s1): 1-5.

[6] 刘崇权,杨志强,汪稔. 钙质土力学性质研究现状与进展[J]. 岩土力学,1995(4):74-84.

[7] DATTA M, RAO G V, GULHATI S K. The nature and engineering behavior of carbonate soils at Bombay High, India[J]. Marine Geotechnology, 1981, 4(4): 307-341.

[8] STERIANOS B. Geotechnical properties of carbonate soils with reference to an improved engineering classification[D]. Cape Town: University of Cape Town, 1988.

[9] 陈海洋,汪稔,李建国,等. 钙质砂颗粒的形状分析[J]. 岩土力学,2005,26(9):1389-1392.

[10] 姜璐,范建华,汪正金. 不同含水量下钙质砂孔隙微结构的研究[J]. 中国水运,2015,4:315-316.

[11] 陈海洋. 钙质砂的内孔隙研究[D]. 武汉:中国科学院研究生院(武汉岩土力学研究所),2005.

[12] 朱长歧,陈海洋,孟庆山,等. 钙质砂颗粒内孔隙的结构特征分析[J]. 岩土力学,2014,35(7): 1831-1836.

[13] COOPM R, SORENSEN K K, BODAS FREITAS T, et al. Particle breakage during shearing of a carbonate sand[J]. Géotechnique, 2004, 54(3): 157-163.

[14] 王帅,雷学文,孟庆山,等. 侧限条件下高压对钙质砂颗粒破碎影响研究[J]. 建筑科学,2017,33(5):

80-87.

[15] 张家铭. 钙质砂基本力学性质及颗粒破碎影响研究[D]. 武汉:中国科学院研究生院(武汉岩土力学研究所),2004.

[16] WILS L, VAN IMPE P, HAEGEMAN W. One-dimensional compression of a crushable sand in dry and wet conditions[C]//Geomechanics from Micro to Macro, Vols I and II. London:Taylor and Francis Group, 2015, 2: 1403-1408.

[17] COOP M R, LEE I K. The behaviour of granular soils at elevated stresses[J]. Predictive Soil Mechanics, 1993: 186-198.

[18] AL-DOURI R H, POULOS H G. Static and cyclic direct shear tests on carbonate sands[J]. Geotechnical Testing Journal, 1992, 15(2): 138-157.

[19] HA GIANG P H, VAN IMPE P O, VAN IMPE W F, et al. Small-strain shear modulus of calcareous sand and its dependence on particle characteristics and gradation[J]. Soil Dynamics and Earthquake Engineering, 2017, 100: 371-379.

[20] 孙吉主,黄明利,汪稔. 内孔隙与各向异性对钙质砂液化特性的影响[J]. 岩土力学,2002,23(2): 166-169.

[21] 刘汉龙,胡鼎,肖杨,等. 钙质砂动力液化特性的试验研究[J]. 防灾减灾工程学报,2015(6): 707-711.

[22] BARR A D. Strain-rate effects in quartz sand[D]. Sheffield:University of Sheffield, 2016.

[23] 曹梦,叶剑红. 南海钙质砂蠕变-应力-时间四参数数学模型[J]. 岩土力学,2019,40(5):1771-1777.

[24] COOP M R. The mechanics of uncemented carbonate sands[J]. Géotechnique, 1990, 40(4): 607-626.

[25] COOP M R, ATKINSON J H. The mechanics of cemented carbonate sands[J]. Géotechnique, 1993, 43(1): 53-67.

[26] AIREY D W. Triaxial testing of naturally cemented carbonate soil[J]. Journal of Geotechnical Engineering, 1993, 119(9): 1379-1398.

[27] YAMAMURO J A, ABRANTES A E, LADE P V. Effect of strain rate on the stress-strain behavior of sand[J]. Journal of Geotechnical and Geoenvironmental Engineering, 2011, 137(12): 1169-1178.

[28] 刘崇权,单华刚,汪稔. 钙质土工程特性及其桩基工程[J]. 岩石力学与工程学报,1999,18(3): 331-331.

[29] JACKSON JR J G, EHRGOTT J Q, ROHANI B. Loading rate effects on compressibility of sand[R]. DTIC Document, 1979.

[30] 虞海珍,汪稔,赵文光,等. 波浪荷载下钙质砂孔压增长特性的试验研究[J]. 武汉理工大学学报, 2006,28(11):86-89.

[31] 李建国. 波浪荷载作用下饱和钙质砂动力特性的试验研究[D]. 武汉:中国科学院研究生院(武汉岩土力学研究所),2005.

[32] 虞海珍. 复杂应力条件下饱和钙质砂动力特性的试验研究[D]. 武汉:华中科技大学,2006.

[33] WHITMAN R V. The response of soils to dynamic loadings, Report 26, final report[R]. Massachusetts Institute of Technology, Department of Civil Engineering, Cambridge, 1970.

[34] AKERS S A. Uniaxial strain response of Enewetak Beach sand[M]. Vicksburg:US Army

Engineer Waterways Experiment Station，1986.

［35］MCDOWELL G R，HARIRECHE O. Discrete element modelling of soil particle fracture［J］. Géotechnique，2002，52(2)：131-135.

［36］LYAKHOV G M，LUCHKO I A，PLAKSII V A，et al. Spherical detonation waves in a solid multicomponent viscoplastic medium［J］. Soviet Applied Mechanics，1986，22(5)：490-495.

［37］奥尔连科. 爆炸物理学［M］. 孙承纬，译. 北京：科学出版社，2011.

［38］AKERS S A，REED P A，EHRGOTT J Q. WES high-pressure uniaxial strain and triaxial shear test equipment［R］. Vicksburg：US Army Engineer Waterways Experiment Station，1986.

［39］FARR J V，WOODS R D. A device for evaluating one-dimensional compressive loading rate effects［J］. Geotechnical Testing Journal，1988，11(4)：269-275.

［40］FARR J V. Loading rate effects on the one-dimensional compressibility of four partially saturated soils［R］. US Army Engineer Waterways Experiment Station，Vicksburg MS Structures Lab，1986：373.

［41］HEIERLI W. Inelastic wave propagation in soil columns［J］. Journal of the Soil Mechanics and Foundations Division，1962，88(6)：33-64.

［42］SCHINDLER L. Design and evaluation of a device for determining the one-dimensional compression characteristics of soils subjected to impulse-type loads［D］. Illinois：University of Illinois，1968.

［43］JACKSON JR J G，EHRGOTT J Q，ROHANI B. Loading rate effects on compressibility of sand［R］. DTIC Document，1979.

［44］AKERS S A. Two-dimensional finite element analysis of porous geomaterials at multikilobar stress levels［D］. Blacksburg：Virginia Tech，2001.

［45］HOPKINSON B. A method of measuring the pressure produced in the detonation of high explosives or by the impact of bullets［J］. Philosophical Transactions of the Royal Society of London，1914，213(612)：437-456.

［46］DAVIES R M. A critical study of the Hopkinson Pressure Bar［J］. Philosophical Transactions of the Royal Society，A Mathematical Physical & Engineering Sciences，1948，240(821)：375-457.

［47］KOLSKY H. An investigation of the mechanical properties of materials at very high rates of loading［J］. Proceedings of the Physical Society B，1949，62(11)：676.

［48］卢芳云. 霍普金森杆实验技术［M］. 北京：科学出版社，2013.

［49］王礼立. 应力波基础［M］. 北京：国防工业出版社，1985.

［50］FLETCHER E B，POOROOSHASB H B. Response of a clay sample to low magnitude loads applied at high rate［C］//Proceedings of the International Symposium on Wave Propagation and Dynamic Properties of Earth Materials，University of New Mexico Press，New Mexico，1968：781-786.

［51］FELICE C W. The response of soil to impulse loads using the Split Hopkinson Pressure Bar technique［R］. Air Force Weapons Lab，Kirtland AFB NM，1986.

［52］BRAGOV A M，GRUSHEVSKY G M，LOMUNOV A K. Use of the Kolsky method for studying shear resistance of soils［J］. Dymat Journal，1994，3(1)：253-259.

［53］BRAGOV A M，KOTOV V L，LOMUNOV A K，et al. Measurement of the dynamic characteristics of soft soils using the Kolsky method［J］. Journal of Applied Mechanics and

Technical Physics，2004，45(4)：580-585.

[54] SEMBLAT J，LUONG M P，GARY G. 3D-Hopkinson bar：New experiments for dynamic testing on soils[J]. Soils and Foundations，1999，39(1)：1-10.

[55] SONG B，CHEN W，LUK V. Impact compressive response of dry sand[J]. Mechanics of Materials，2009，41(6)：777-785.

[56] LUO H，LU H，COOPER W L，et al. Effect of mass density on the compressive behavior of dry sand under confinement at high strain rates[J]. Experimental Mechanics，2011，51(9)：1499-1510.

[57] LUO H，COOPER W L，LU H. Effects of particle size and moisture on the compressive behavior of dense Eglin sand under confinement at high strain rates[J]. International Journal of Impact Engineering，2014，65：40-55.

[58] NEMAT-NASSER S，ISAACS J B，STARRETT J E. Hopkinson techniques for dynamic recovery experiments[J]. Proceedings of the Royal Society of London Series A，1991，435(1894)：371-391.

[59] SONG B，CHEN W. Loading and unloading Split Hopkinson Pressure Bar pulse-shaping techniques for dynamic hysteretic loops[J]. Experimental Mechanics，2004，44(6)：622-627.

[60] HUANG J，XU S，HU S. Effects of grain size and gradation on the dynamic responses of quartz sands[J]. International Journal of Impact Engineering，2013，59：1-10.

[61] 黄俊宇. 冲击载荷下脆性颗粒材料多尺度变形破碎特性研究[D]. 合肥：中国科学技术大学，2016.

[62] VEYERA G E. Uniaxial stress-strain behavior of unsaturated soils at high strain rates[R]. Fort Belvoir，VA：Defense Technical Information Center，1994.

[63] 魏久淇，吕亚茹，刘国权，等. 钙质砂一维冲击响应及吸能特性试验[J]. 岩土力学，2019，40(1)：191-198.

[64] 魏久淇，王明洋，邱艳宇，等. 钙质砂动态力学特性试验研究[J]. 振动与冲击，2018，37(24)：7-12.

[65] 文祝，邱艳宇，紫民，等. 钙质砂的准一维应变压缩试验研究[J]. 爆炸与冲击，2019(3)：1-11.

[66] 王礼立，胡时胜，杨黎明，等. 材料动力学[M]. 合肥：中国科学技术大学出版社，2016.

[67] 经福谦. 实验物态方程导引[M]. 北京：科学出版社，1999.

[68] CHAPMAN D J，TSEMBELIS K，PROUD W G. The behavior of water saturated sand under shock-loading[C]//Proceedings of the 2006 SEM Annual Conference and Exposition on Experimental and Applied Mechanics. 2006，2：834-840.

[69] NEAL W，CHAPMAN D J，PROUD W. The effect of particle size on the shock compaction of a quasi-mono-disperse brittle granular material[C]//AIP Conference Proceedings，AIP，2012，1426：1443-1446.

[70] BRAGOV A M，LOMUNOV A K，SERGEICHEV I V，et al. Determination of physicomechanical properties of soft soils from medium to high strain rates[J]. International Journal of Impact Engineering，2008，35(9)：967-976.

[71] 亨利奇 J. 爆炸动力学及其应用[M]. 熊建国，译. 北京：科学出版社，1987.

[72] JAMES K. Cense explosion test program：Report 1，Case 1，explosions in sandstone[R]. Vicksburg：US Army Waterway Experimental Station，1977.

[73] JAMES K. Cense explosion test program：Report 2，Case 2，explosions in soil[R]. Vicksburg：US Army Waterway Experimental Station，1977.

[74] BALADI G Y, NELSON I. Ground shock calculation parameter study[R]. Vicksburg: US Army Waterway Experimental Station, 1974.

[75] HEADQUARTERS, DEPARTMENT OF THE ARMY. Fundamentals of protective design for conventional weapons[M]. Headquarters, Department of the Army, 1986.

[76] LYAKHOV G M. Fundamentals of explosion dynamics in soils and liquid media[M]. Moscow:1964.

[77] LYAKHOV G M, OSADCHENKO R A, POLYAKOVA N I. Plane waves in nonhomogeneous plastic media and their interaction with obstacles[J]. Journal of Applied Mechanics and Technical Physics, 1969, 10(4): 559-566.

[78] ZAKHAROV S D, LYAKHOV G M, MIZYAKIN S D. Determination of the dynamic compressibility of soil based on the parameters of plane detonation waves[J]. Journal of Applied Mechanics and Technical Physics, 1972, 13(1): 126-130.

[79] LYAKHOV G M, OKHITIN V N. Spherical blast waves in multicomponent media[J]. Journal of Applied Mechanics and Technical Physics, 1974, 15(2): 208-214.

[80] LYAKHOV G M, VOVK A A, KRAVETS V G, et al. Compaction of loessal soils by detonation of surface charges[J]. Soil Mechanics and Foundation Engineering, 1976, 13(2): 121-125.

[81] LYAKHOV G M. Waves in soils and porous multicomponent media[M]. Moscow:1982.

[82] LYAKHOV G M, SALITSKAYA V I. Dissipation of blast waves and the dynamic compressibility of soils[J]. Combustion, Explosion and Shock Waves, 1983, 19(1): 90-93.

[83] KRYMSKII A V, LYAKHOV G M. Waves from an underground explosion[J]. Journal of Applied Mechanics and Technical Physics, 1984, 25(3): 361-367.

[84] 梁霍夫 G M. 岩土中爆炸动力学基础[M]. 刘光寰,王明洋,译. 南京:工程兵工程学院,1993.

[85] VOVK A A, KRAVETS V G, LYAKHOV G M, et al. Experimental determination of the blast-wave parameters and viscoplastic characteristics of soils[J]. Soviet Applied Mechanics, 1977, 13(7): 710-715.

[86] 赵跃堂,郑大亮,王明洋,等. 饱和土介质中爆炸波传播的时间特征试验研究[J]. 防灾减灾工程学报,2004,24(2):162-167.

[87] 赵跃堂,郑守军,郑大亮,等. 爆炸波在饱和土介质中传播时压力变化规律的试验研究[J]. 防灾减灾工程学报,2004,24(1):60-65.

[88] 穆朝民,齐娟,辛凯. 高饱和度饱和砂中爆炸波传播规律的自由场实验研究[J]. 弹箭与制导学报,2010,30(5):87-89.

[89] 叶亚齐,任辉启,李永池,等. 砂质黏土中不同深度爆炸自由场地冲击参数预计方法研究[J]. 岩石力学与工程学报,2011,30(9):1918-1923.

[90] 卢强,王占江,李进,等. 球面波加载下黄土线黏弹性本构关系[J]. 岩土力学,2012,33(11):3292-3298.

[91] 徐学勇,汪稔,王新志,等. 饱和钙质砂爆炸响应动力特性试验研究[J]. 岩土力学,2012,33(10):2953-2959.

[92] 徐学勇. 饱和钙质砂爆炸响应动力特性研究[D]. 武汉:中国科学院研究生院(武汉岩土力学研究所),2009.

[93] YANKELEVSKY D Z, KARINSKI Y S, FELDGUN V R. Re-examination of the shock wave's

peak pressure attenuation in soils[J]. International Journal of Impact Engineering, 2011, 38(11): 864-881.

[94] 章根德. 土的本构模型及其工程应用[M]. 北京:科学出版社,1995.

[95] KOMPANEETS A S. Shock waves in a plastic compressible medium[J]. Doklady Akademii Nauk SSSR, 1956, 109(1): 95-102.

[96] LYAKHOV G M. Determination of dynamic compressibility of soils[J]. Soil Mechanics and Foundation Engineering, 1966, 3(3): 159-164.

[97] LYAKHOV G M, SALITSKAYA V I. Dissipation of blast waves and the dynamic compressibility of soils[J]. Combustion, Explosion and Shock Waves, 1983, 19(1): 90-93.

[98] HENRYCH J. The dynamics of explosion and its use[M]. Academia, 1979.

[99] DRUCKER D C, GIBSON R E, HENKEL D J. Soil mechanics and work—hardening theories of plasticity[J]. Transactions of the American Society of Civil Engineers, 1957, 122(1): 338-346.

[100] DIMAGGIO F L, SANDLER I S. Material model for granular soils[J]. Journal of the Engineering Mechanics Division, 1971, 97(3): 935-950.

[101] DIMAGGIO F L, SANDLER I S. The effect of strain rate on the constitutive equations of rocks [R]. Weidlinger(Paul), New York, 1971.

[102] AN J. Soil behavior under blasting loading[D]. Nebraska: The University of Nebraska, 2010.

[103] AN J, TUAN C Y, CHEESEMAN B A, et al. Simulation of soil behavior under blast loading[J]. International Journal of Geomechanics, 2011, 11(4): 323-334.

[104] 郑哲敏,解伯民. 关于地下核爆炸理论计算方案的一个建议[M]//郑哲敏文集. 北京:科学出版社, 2004: 166-190.

[105] WILKINS M L. Calculation of elastic-plastic flow[R]. The University of California Radiation Laboratory at Livermore, 1963.

[106] CHOU P C, HOPKINS A L. 材料对强冲击载荷的动态响应[M]. 张宝坪,赵衡阳,李永池,译. 北京:科学出版社,1985.

[107] 曾惠泉,杨秀敏,焦云鹏,等. 触地爆炸流体弹塑性模型数值计算[J]. 爆炸与冲击,1982,2(2): 45-54.

[108] 邓国强,杨秀敏. 超高速武器对地打击效应数值仿真[J]. 科技导报,2015,33(16):65-71.

[109] CASAGRANDE A. Characteristics of cohesionless soils affecting the stability of slopes and earth fills[J]. Journal of the Boston Society of Civil Engineers, Society of Civil Engineers, 1936: 257-276.

[110] SEED H B. Soil liquefaction and cyclic mobility evaluation for level ground during earthquakes[J]. Journal of the Geotechnical Engineering Division, 1979, 105(2): 201-255.

[111] 汪闻韶. 饱和砂土振动孔隙水压力试验研究[J]. 水利学报,1962(2):39-49.

[112] 汪闻韶. 饱和砂土振动孔隙水压力产生、扩散和消散[C]//第一届土力学及基础工程学术会议论文选集,1964:224-235.

[113] 汪闻韶. 土的动力强度和液化特征[M]. 北京:中国电力出版社,1996.

[114] KRAMER S L. Geotechnical earthquake engineering[M]. New Jersey: Prentice-Hall, 1996.

[115] AIREY D W, RANDOLPH M F, HYDEN A M. The strength and stiffness of two calcareous sands[C]//Proceedings of International Conference on Calcareous Sediments, Jewell and

Andrews, eds. , Balkema, Rotterdam, Perth, Australia, 1988: 42-51.

[116] STEDMAN J D. Effects of confining pressure and static shear on liquefaction resistance of Fraser River sand[D]. Vancouver: The University of British Columbia, Canada, 1997.

[117] HYODO M, ARAMAKI N, ITOH M, et al. Cyclic strength and deformation of crushable carbonate sand[J]. Soil Dynamics and Earthquake Engineering, 1996, 15(5): 331-336.

[118] YUNOKI Y, ISHIHARA K, SEKI M, et al. The effect of the initial effective confining pressure on cyclic triaxial shear behavior of dense sand[C]//Proceedings of the 17th Japanese National Soil Mechanics Research Meeting, JSSMFE, 1982: 1649-1652.

[119] ISHIHARA K, KIKUCHI Y, TSUTSUMI K. Cyclic deformation behavior of sands under low confining pressure[C]//Proceedings of the 18th Japanese National Soil Mechanics Research Meeting, JSSMFE, 1983: 353-354.

[120] FINN W D, PICKERING D J, BRANSBY P L. Sand liquefaction in triaxial and simple shear tests [J]. Journal of Geotechnical Engineering, ASCE, 1971, 97(4): 639-59.

[121] CHARLIE W A, VEYERA G, DOEHRING D, et al. Blast induced liquefaction potential and transient porewater pressure response of saturated sands[R]. Final Report to Air Force Office of Scientific Research, Granc No. AFOSR-30-0260, Belling Air Force Base, Washington D. C. , 1985.

[122] HUBERT M E. Shock loading of water saturated eniwetok coral sand[D]. Fort Collins: Colorado State University, 1986: 145-154.

[123] VEYERA G E, CHARLIE W A, HUBERT M E. One-dimensional shock-induced pore pressure response in Saturated carbonate sand[J]. Geotechnical Testing Journal, 2002, 25(3): 277-288.

第 2 章

珊瑚砂力学性能试验研究

砂土是一种松散的颗粒介质,与黏土相比,砂土表现出的力学差异主要源于两点:一是砂土颗粒间缺乏物理化学键之间的结合力;二是砂土颗粒会出现破碎。而在不同砂土之间,其力学行为上的差异更多是由于颗粒的强度、形状、级配的不同而导致的结果。

珊瑚砂作为一种特殊土,主要由珊瑚、海贝、乌贼、箭石等海洋生物残骸组成,其颗粒形状、级配和强度的变化复杂、差异较大,所表现出的静力行为异于一般陆源砂。本章将着重介绍单调荷载下珊瑚砂的强度与变形特征,以及准一维应变动态压缩特性,探讨不同形式荷载作用下珊瑚砂的强度与变形机理。

2.1 单调荷载下珊瑚砂的力学特征

2.1.1 试验概况

1. 珊瑚砂的物理指标

本章试验中所采用的珊瑚砂均源于我国所属岛礁附近的海域,大都是珊瑚、贝壳等碎屑沉积物。在岛礁工程建设中,珊瑚砂地基多采用高压疏浚机进行喷射填充,由于水力分离,地基中多为中、细颗粒珊瑚砂。在喷射口远端,粒径大于 2 mm 的颗粒含量仅为 15%。因此,本章所取用的珊瑚砂粒径均小于 2 mm,其初始颗分曲线如图 2.1 所示。通过颗分曲线可测得珊瑚砂的不均匀系数 C_u 为 7.3,曲率系数 C_c 为 1.28,由此可知珊瑚砂的级配良好。

砂土的比重一般可通过比重瓶法确定,通过试验可得南海珊瑚砂的比重为 2.807。试样的最大、最小干密度分别为 1.48 g/cm³ 和 1.14 g/cm³。与埃及、澳大利亚海域的珊瑚砂物理性质指标进行对比可以发现,南海珊瑚砂较澳大利亚海域珊瑚砂孔隙比小、粒径大,而较埃及珊瑚砂孔隙比大。三种珊瑚砂的具体物理指标如表 2.1 所示。

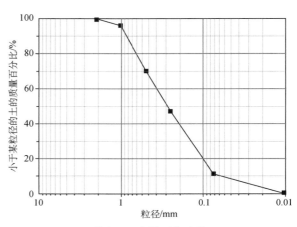

图 2.1　试样颗分曲线

表 2.1　珊瑚砂基本物理指标

性质	珊瑚砂		
	澳大利亚[1]	埃及[2]	本试验
比重	2.725	2.79	2.807
D_{10}/mm	0.005	0.15	0.055
$C_u(D_{60}/D_{10})$	4.3	2.4	7.3
最小干密度/$(g \cdot cm^{-3})$	1.03	1.37	1.14
最大干密度/$(g \cdot cm^{-3})$	1.34	1.59	1.48

2. 试验仪器与试样制备

试验所采用的仪器是由伺服电机控制的动三轴试验系统(DYNTTS),其轴向力范围为±10 kN,精度达到 0.1%,运行频率最大可达 2 Hz,位移测量范围为±50 mm,分辨率可达 0.2 μm。荷载可施加的波形包括正弦波、三角波、方波以及用户自定义波形。

试样均为实心圆柱状,直径 50 mm,高 100 mm。装样时,根据试验所需相对密度,通过分层干装法配置试样。对于饱和珊瑚砂,在保持有效围压的前提下,每隔 20 min 同时以 100 kPa 的幅度增加围压与反压的大小,直至 Skempton 孔压参数 B 值($B = \Delta u/\Delta p$,Δu 为试样内孔隙水压力的增量,Δp 为围压的增量)达到 0.98 以上可认为试样达到饱和,本试验中珊瑚砂试样在反压达到 500 kPa 后均完成饱和。最后以有效围压为固结应力进行均等固结。而对于干砂,由于没有水的存在,有效围压即围压,因此可将围压直接增至设定值,保持不变,直至砂样的变形趋于稳定,完成固结。

3. 试验方案

与一般陆源砂一样,珊瑚砂的力学特性同样与相对密度及有效围压的大小密切相关。考虑到地基土所受的侧向压力大多小于 200 kPa,且最大应力约为 300 kPa,因此选择了相对密度 D_r=30%,45% 和 60% 的珊瑚砂在有效围压 σ_c'=100 kPa,200 kPa 和 300 kPa 的条件下开展了三轴剪切试验。试验方案如表 2.2 所示。

表 2.2　试验方案

编号	砂样状态	排水条件	相对密度 D_r/%	有效围压 σ_c'/kPa
J1	干砂	—	30	100
J2	干砂	—	30	200
J3	干砂	—	30	300
J4	干砂	—	45	200
J5	干砂	—	60	200
J6	饱和砂	不排水	30	100
J7	饱和砂	不排水	30	200
J8	饱和砂	不排水	30	300

（续表）

编号	砂样状态	排水条件	相对密度 D_r/%	有效围压 σ'_c/kPa
J9	饱和砂	不排水	45	200
J10	饱和砂	不排水	60	200
J11	饱和砂	排水	30	100
J12	饱和砂	排水	30	200
J13	饱和砂	排水	30	300
J14	饱和砂	排水	45	200
J15	饱和砂	排水	60	200

2.1.2　试验结果与分析

强度与变形特征是衡量砂土力学特性的主要指标,也是地基稳定性评估的首要因素。因此,干燥的珊瑚砂和排水、不排水条件下饱和珊瑚砂的强度、变形特征以及两者之间的差异是研究所关注的重点。

相对密度分别为 30%,45% 和 60% 的干燥珊瑚砂的应力-应变曲线如图 2.2 所示。从图中可以发现,当有效围压均为 200 kPa 时,松散与中等密实程度的珊瑚砂应力-应变曲线变化趋势是一致的。根据应力-应变曲线变化的特征,可将其划分为两部分:峰前部分(O—A)和峰后部分(A—D)。当轴向应力达到峰值点时,珊瑚砂开始表现出应变软化的状态。应变软化是一个渐进失效的过程,此时的应力-应变曲线的切线斜率为负值,同样可以用来表征软化速率。切线斜率越大,对应的软化速率就越小。基于软化速率的变化,峰后应变软化部分可以进一步划分为三个阶段。

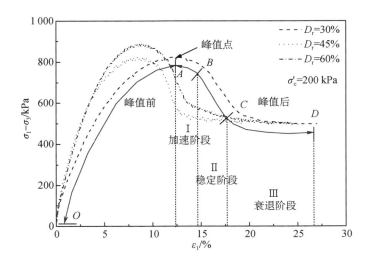

图 2.2　不同相对密度下干燥珊瑚砂的应力-应变曲线

Ⅰ:加速阶段(A—B)。在这一阶段,切线斜率从零开始逐渐减小,这表明对应的软化速率越来越大。因此,峰后第一阶段可以认为是加速阶段。起始点即峰值点,与相对密度相关。

Ⅱ:稳定阶段(B—C)。当切线斜率减小至最小值时,应力-应变曲线进入第二阶段。在这一阶段,软化速率最大,并且保持不变。基于此,第二阶段可以称为稳定阶段。

Ⅲ:衰退阶段(C—D)。在这一阶段,切线斜率开始增大并向零靠近。这意味着对应的软化速率开始逐渐变小。因此,C—D 部分可以认为是衰退阶段。终点 D 对应的是残余应力,其大小与相对密度无关。

相对密度为 30% 的干燥珊瑚砂在不同有效围压作用下的应力-应变曲线如图 2.3 所示。可以注意到的是,无论有效围压的大小,其应力-应变曲线总可以划分为峰前和三阶段的峰后两部分。特别是,有效围压越大,应变软化的阶段性就越明显。峰后部分的起始点和终点均与有效围压密切相关,有效围压越大,峰后软化部分的起始点与终点对应的应力就越大。与其他一般陆源砂相比,在低围压下(100 kPa),珊瑚砂颗粒就已出现可测量的破碎,这也就导致了珊瑚砂的应力-应变关系表现出应变软化特征。

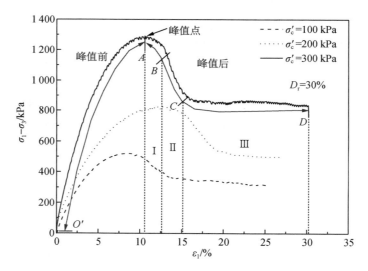

图 2.3　不同有效围压下干燥珊瑚砂的应力-应变曲线

排水条件下饱和珊瑚砂的应力-应变曲线如图 2.4 所示。由图可知,在排水条件下,饱和珊瑚砂的应力-应变曲线同样可以分为峰前部分和三阶段的峰后部分。峰后部分软化的起始点和终点的位置与相对密度和初始有效围压均密切相关。与干燥珊瑚砂相比,饱和珊瑚砂的加速阶段持续时间相对更长。

陆源砂典型的应力-应变曲线如图 2.5 所示。不同于珊瑚砂三阶段的峰后软化,Nevada 石英砂在峰后表现为两阶段变化,而 Toyoura 石英砂的应变软化部分甚至是近似线性的。这种差异主要是由于珊瑚砂表现出更高的软化特征而造成的。应变软化程度越高,颗粒的重排列过程就越长,对应的应力-应变曲线的多阶段特征就越明显。

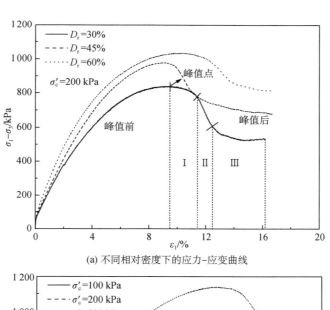

(a) 不同相对密度下的应力–应变曲线

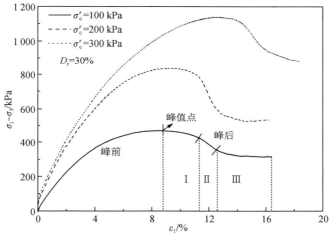

(b) 不同有效围压下的应力–应变曲线

图 2.4　排水条件下饱和珊瑚砂的应力–应变曲线

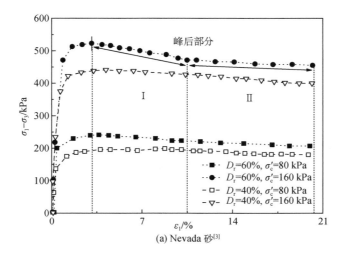

(a) Nevada 砂[3]

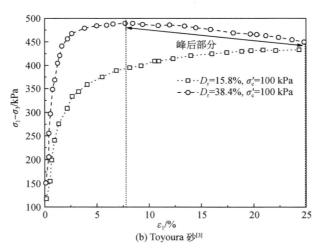

(b) Toyoura 砂[3]

图 2.5　排水条件下陆源砂的应力-应变曲线

不排水三轴压缩条件下，饱和珊瑚砂的应力-应变曲线与干燥珊瑚砂的不同，但与一般陆源砂的却较为相似，如图 2.6 所示。当初始有效围压较小时，珊瑚砂未表现出明显的

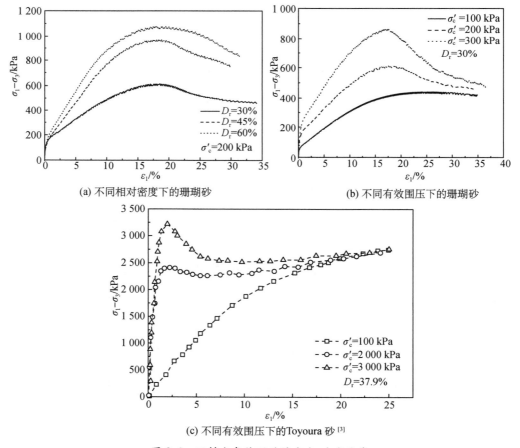

图 2.6　不排水条件下砂的应力-应变曲线

应变软化,其应力-应变关系呈现为双曲线。当初始有效围压较大时,珊瑚砂的应力-应变曲线也会呈现出峰前和峰后两部分。需要注意的是,其峰后部分具有两个阶段。这一变化趋势与 Toyoura 砂一样,表现为双曲线软化。但随着相对密度的增大,对应的应变软化趋势与干燥珊瑚砂就越来越相似。这表明本质上珊瑚砂的峰后软化是三阶段,但是在不排水条件下,由于孔隙水的存在,会使颗粒的相对运动产生变化,减弱珊瑚砂的软化程度,表现出两阶段软化特征。

1. 屈服强度

对于固结排水试验而言,不论干燥或饱和珊瑚砂,其应力-应变曲线并没有明显的屈服点;而饱和珊瑚砂的固结不排水试验结果表明,在加载初期的较小应变范围内,应力-应变关系是沿着同一条直线向上移动,在不同位置处会出现转折,形成拐点。本节以该点为屈服点,可得到饱和珊瑚砂不排水屈服应力分别为:J6-42.86 kPa,J7-96.89 kPa,J8-142.34 kPa,J9-98.20 kPa,J10-100.79 kPa。由 J6,J7 和 J8 可知,屈服应力的大小与有效围压密切相关,而 J7,J9 和 J10 的结果表明,试样的相对密度大小与屈服强度无关。有效围压越大,屈服应力就越大,并且两者之间近似呈线性关系,如图 2.7 所示。屈服应力随着相对密度的增大略微增加,但增加幅度不大。

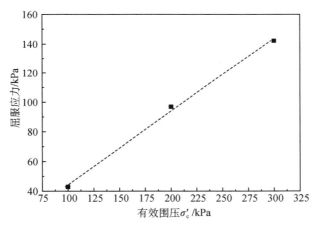

图 2.7　不同有效围压下饱和珊瑚砂的屈服应力

2. 峰值强度

图 2.8 绘制了不同相对密度下干燥珊瑚砂和饱和珊瑚砂固结排水、不排水的峰值强度变化规律。随着相对密度的增大,干燥珊瑚砂和饱和珊瑚砂固结排水、不排水的峰值强度均有提高。对于松散珊瑚砂($D_r = 30\%$),固结排水条件下峰值强度最高,干燥珊瑚砂与其接近,但饱和珊瑚砂固结不排水的峰值强度远小于前两者。对于密实珊瑚砂($D_r = 60\%$),固结不排水的峰值强度最高,固结排水的峰值强度略低些,而干燥珊瑚砂的峰值强度明显低于饱和珊瑚砂。结合三者峰值强度随相对密度变化的趋势可以发现,相对密度对干燥珊瑚砂的峰值强度影响不大,而对固结不排水条件下饱和珊瑚砂的峰值强度影响最显著。

不同有效围压下干燥珊瑚砂和饱和珊瑚砂固结排水、不排水的峰值强度变化规律如

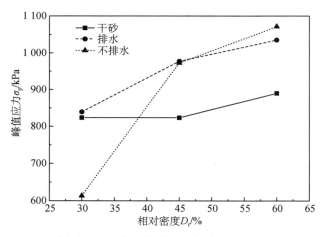

图 2.8　不同相对密度下珊瑚砂的峰值应力

图 2.9 所示。从图中可以发现,干燥珊瑚砂和饱和珊瑚砂固结排水、不排水的峰值强度同样均随着有效围压的增大而提高,但峰值强度之间的大小关系出现了转折性的变化。低有效围压下(100 kPa),松散干燥的珊瑚砂峰值强度略高于饱和珊瑚砂,饱和珊瑚砂固结不排水的峰值强度最小;并且随着有效围压的增大,干燥珊瑚砂与饱和珊瑚砂固结不排水的峰值强度之间的差距越来越大。这意味着有效围压对干燥珊瑚砂的峰值强度影响巨大,而对固结不排水条件下珊瑚砂的峰值强度影响相对略小。

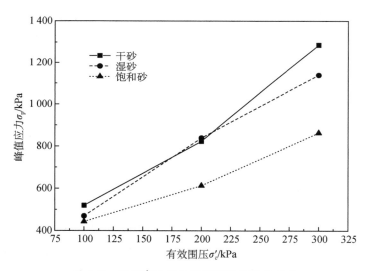

图 2.9　不同有效围压下珊瑚砂的峰值应力

可以看出,干燥珊瑚砂和饱和珊瑚砂的峰值强度之间存在显著差异。相对密度的变化对固结不排水条件下饱和珊瑚砂的峰值强度影响最大,而有效围压的大小对干燥珊瑚砂的峰值强度影响显著。

3. 抗剪强度

上述干燥珊瑚砂和饱和珊瑚砂在固结排水、不排水条件下峰值强度的差异以及相对密度和有效围压对其强度的影响,追根溯源均是由于珊瑚砂颗粒间的接触发生了变化。这一变化将会直接改变颗粒间错动时摩擦力的大小。对于珊瑚砂而言,其颗粒间存在的咬合结构同样会产生剧变。在土力学中,颗粒间的接触力一般通过黏聚力和摩擦角来衡量,其抗剪强度可以认为是由摩擦强度和黏聚强度两个分量组成的[4]。

若以莫尔-库仑强度准则分析,可以分别得到珊瑚砂的强度参数 c 和 φ。珊瑚砂属于纯摩擦类材料,其黏聚力可以近似认为等于零,即 $c=0$。在此前提下,对应的峰值摩擦角 φ 如表 2.3 所示。此时,由于黏聚力 $c=0$,表明珊瑚砂中不存在黏聚强度,仅有摩擦强度。从表 2.3 可以发现,相对密度对摩擦角的影响与峰值强度一致,但有效围压对摩擦角的影响与峰值强度正好相反。随着有效围压的增大,珊瑚砂的颗粒破碎程度会加剧,导致颗粒表面的棱角被折断,表面粗糙度降低,颗粒表面的摩擦力会随之减小。因此,随着有效围压的增大,摩擦角会表现出减小的特征。

表 2.3　珊瑚砂的峰值摩擦角 φ　　　　　　　　　[单位:(°)]

相对密度 D_r/%	干砂	饱和砂(排水)	饱和砂(不排水)
30	42.3	42.6	37.2
45	42.3	45.2	45.1
60	43.6	46.2	46.8

有效围压 σ_c'/kPa	干砂	饱和砂(排水)	饱和砂(不排水)
100	46.2	44.6	43.6
200	42.3	42.6	37.2
300	43.0	40.9	36.2

在无黏性土的抗剪强度机理分析中,学者们认为无黏性土的抗剪强度不仅有颗粒间的摩擦阻力,还有剪胀及颗粒破碎重排列消耗能量所发挥的强度,即由莫尔-库仑公式计算得到的摩擦角由三部分组成:

$$\varphi = \varphi_u + \varphi_d + \varphi_b \tag{2.1}$$

式中,φ 为珊瑚砂内摩擦角;φ_u 为颗粒间的动摩擦角;φ_d 为剪胀引起的摩擦角;φ_b 为颗粒破碎重排列产生的摩擦角。

动摩擦角 φ_u 视作与材料有关的常量,但与材料的初始密度相关,如石英砂随着密度的增大,对应的 φ_u 可以从 26° 增大到 30°。而 φ_d 和 φ_b 是不定量的。珊瑚砂表现出剪胀趋势时,φ_d 为正,其值随着剪胀程度的增大而增大;当珊瑚砂表现出剪缩趋势时,φ_d 为负,其值随着剪缩程度的增大而减小。颗粒破碎程度越高,φ_b 越大,即随着应力的增大,φ_b 对珊瑚砂的强度作用越大。由于颗粒的破碎,φ_d 也会随之变化。剪切作用下,颗粒的破碎会使颗粒表面的粗糙度降低,因而对应的 φ_u 实际是减小的,并不是一个定量。因此,此处计算得到的内摩擦角本质上是三个强度分量相互作用、此消彼长的结果。

结合珊瑚砂的体应变特征可知,本试验条件下,随着有效围压的增大,珊瑚砂的内摩擦角呈现出减小的趋势,这是由于有效围压的增大导致珊瑚砂的剪缩趋势愈加明显,对应

的 φ_d 减小。此时,剪胀效应处于主导地位,所以珊瑚砂的内摩擦角呈现出减小的趋势。珊瑚砂随着相对密度的增大,其剪缩趋势愈加明显,但是相对密度的增大,使得颗粒间接触更紧密,对应的 φ_u 更大。此时,颗粒间动摩擦作用最大,所以最终表现为珊瑚砂内摩擦角随着相对密度的增大而增大。

综上可知,珊瑚砂内摩擦角的大小与颗粒变形特征密切相关,其强度组成并不是单一的,各分量之间会相互作用消长,虽然反映出了颗粒变形的机理特征,但作为表征砂土唯一的强度量(摩擦强度),却不能直接反映宏观强度的变化特征,如峰值强度随着有效围压的增大而增大,而内摩擦角随着有效围压的增大而减小。

4. 强度发挥机理分析

由于珊瑚砂颗粒具有多孔的特性,试样内部会存在大量的咬合结构,表现出的咬合力不可忽略。Schofield[5] 和 Terzaghi[6] 均认为咬合作用有别于黏结作用,并且 Schofield[5] 认为咬合作用应该作为强度的另一个组成部分——咬合强度。Schmertmann[7] 认为,珊瑚砂颗粒间的黏聚力不为零,但其黏聚力不同于黏土是由颗粒间电层结构产生的吸引力,而认为是颗粒间的咬合力或嵌固力。鉴于此,可将珊瑚砂的抗剪强度分为摩擦强度和咬合强度。至于剪胀以及颗粒破碎效应,由于两者的变化结果实际上就是颗粒间的接触状态变化,所以通过颗粒间滑动摩擦力及咬合力大小的变化足以反映两者对强度的影响。结合莫尔-库仑强度理论:

$$\frac{\sigma_1 - \sigma_3}{2} = c\cos\varphi + \frac{\sigma_1 + \sigma_3}{2}\sin\varphi \tag{2.2}$$

式中,σ_1、σ_3 分别为试样的最大与最小主应力(kPa),拉应力为正,压应力为负;c 为黏聚力,对于珊瑚砂而言,可理解为咬合力(kPa);φ 为珊瑚砂的内摩擦角(°),此处表征颗粒间的摩擦力大小。

计算得到的干燥珊瑚砂、饱和珊瑚砂的抗剪强度参数如表 2.4 所示,其中饱和珊瑚砂的抗剪强度参数是以有效主应力计算得到的。

表 2.4　松散珊瑚砂抗剪强度参数

参数	干砂	饱和砂(排水)	饱和砂(不排水)
$\varphi/(°)$	41.3	38.8	30.9
c/kPa	23.1	34.8	61.5

从表 2.4 中可以发现,干燥珊瑚砂的内摩擦角最大,黏聚力最小,而不排水条件下饱和珊瑚砂内摩擦角最小,黏聚力最大。此时的内摩擦角主要用来衡量由砂土颗粒表面粗糙不平引起的摩擦阻力的大小。饱和珊瑚砂中,孔隙水会起到一个"润滑"的作用,降低了砂土颗粒间的滑动摩擦阻力,颗粒易于发生错动。而在排水条件下,由于分布在颗粒间的水被逐步挤压出去,砂土颗粒间的接触会逐渐变得紧密,引起摩擦阻力的增大。因此,干砂摩擦强度最大,不排水条件下摩擦强度最小,排水条件下摩擦强度居中。对于黏聚力来说,孔隙水完全包裹着颗粒间的咬合结构,孔压的增大会增强包裹作用,颗粒间的咬合就

会变得更加紧密,所以咬合力会有一定的增大。因此,饱和珊瑚砂较干燥珊瑚砂表现出了更大的咬合力。

砂土的颗粒在变形过程中不断重新排列,其内部结构会不断重塑,因而砂土对应的摩擦强度、黏聚强度应该是一个逐步发挥的过程。在强度发挥理论中,存在以下两个重要假设:①以应力-应变曲线上曲率最大处的拐点作为屈服点;②屈服后卸载,卸载模量等于弹性模量。对于珊瑚砂而言,其应力-应变曲线不存在明显的屈服点,并且由于其颗粒易破碎的特点,在初始加载阶段,颗粒就出现了破碎,变形从一开始就处于塑性变形阶段。因此,可以认为珊瑚砂在加载初始就已经进入屈服状态。而砂土加载和卸载的变形模量是不同的。由于珊瑚砂的变形大都是塑性变形,卸载时,其卸载模量较大,所以此处取最大的初始切线模量作为卸载模量进行分析,如图 2.10 所示。强度发挥理论认为屈服面在应力空间中变化,但主应力间的关系还是符合屈服准则方程的形式。此处同样以莫尔-库仑屈服准则作为分析的基础。

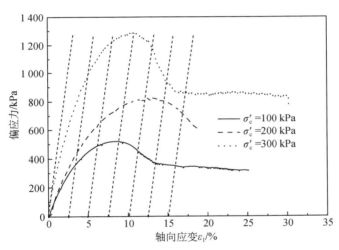

图 2.10　干燥珊瑚砂应力-应变曲线

首先,根据珊瑚砂的应力-应变关系曲线,分别选取塑性应变为 2.5%,5%,7.5%,10%,12.5%,15%,17.5%,20%,各有效围压下对应的轴向偏应力如图 2.10 所示,获得数据如表 2.5 所示。

表 2.5　不同塑性应变下珊瑚砂强度(轴向偏应力)　　　　　　　（单位:kPa）

编号	有效围压 σ'_c/kPa	塑性应变 ε_p/%							
		2.5	5	7.5	10	12.5	15	17.5	20
干燥珊瑚砂									
J1	100	285.1	451.6	517.8	507.5	405.3	363.8		
J2	200	327.2	552.6	704.7	789.5	828.0	803.3		
J3	300	610.9	971.8	1 193.0	1 284.5	1 238.8	950.6		

(续表)

编号	有效围压 σ_c'/kPa	塑性应变 ε_p/%							
		2.5	5	7.5	10	12.5	15	17.5	20
		饱和砂(排水)							
J6	100	271	414.6	467.8	461.9	363.6	323.5		
J7	200	440.1	686.3	815.3	833.5	611.3	531.1		
J8	300	319.8	653.6	888.2	1 041.2	1 128.6	1 125		
		饱和砂(不排水)							
J11	100	123.6	190.5	256.9	309.3	353.3	389.9	418.2	429.6
J12	200	233.5	330.7	411.1	487.7	544	589	608.9	604.6
J13	300	306.4	437.3	568.2	679.5	755.4	821.8	856.8	823.3

其次,利用式(2.2)对表 2.5 中数据分别进行拟合,得到各应变对应的珊瑚砂抗剪强度参数 c 和 φ,如表 2.6 所示,c 和 φ 随应变的变化规律如图 2.11 所示。图 2.11(a) 中强度发挥过程表明,干燥珊瑚砂的摩擦强度随着塑性变形的发展而逐步提高,咬合强度随着塑性

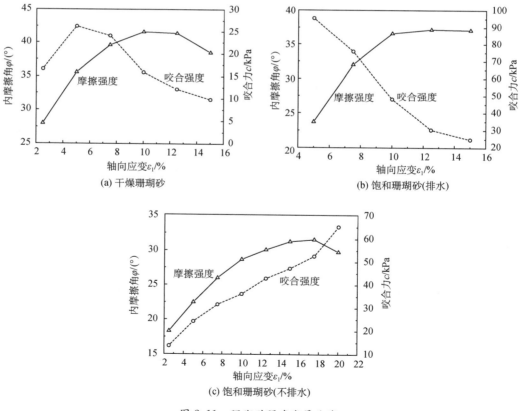

(a) 干燥珊瑚砂

(b) 饱和珊瑚砂(排水)

(c) 饱和珊瑚砂(不排水)

图 2.11 珊瑚砂强度发展曲线

变形的发展初始呈现增强,其后逐步减弱。这一发挥过程与黏土及软岩的强度发挥特征基本一致[8,9]。干燥珊瑚砂的变形过程就是各强度分量的发挥过程,具体变形过程如图 2.12 所示,从图中可以看出,摩擦强度是逐步提高发挥的。考虑到相同材料间的摩擦系数是不变的,所以摩擦强度主要受法向应力大小和接触面积大小的影响。不考虑接触面积变化,当有效围压一定时,摩擦强度恒定。但是随着轴向加压,颗粒会发生滑动、错位,甚至出现破碎,使得颗粒间的接触变得紧密,颗粒间的接触面积变大。对于珊瑚砂而言,初始孔隙比较大,但随着轴向加压,颗粒接触面积变大,并在初始阶段增大较快,对应的孔隙比急剧变小,其后变化逐渐变缓,最终趋于理想极限状态,即全面接触。由摩擦的基本原理可知,在摩擦系数和法向压力不变时,接触面积

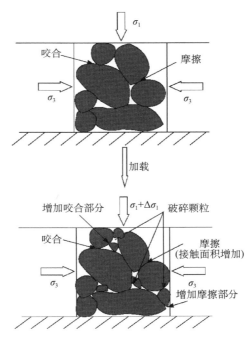

图 2.12　珊瑚砂变形机理示意图

越大,摩擦阻力就越大。因此,摩擦强度在珊瑚砂变形过程中,由于颗粒间接触面积的增大导致了摩擦强度的提高,并且强度提高速度呈现逐步减缓趋势。轴向应变为 15% 时的摩擦角有所减小,这是因为珊瑚砂的体应变表现出由剪缩向剪胀转变的趋势,使得颗粒间的接触有所松动。因此,珊瑚砂的摩擦强度随变形的发展而呈现出如图 2.11(a)所示的变化形式。

表 2.6　不同塑性应变下参数 c 和 φ

参数	塑性应变 ε_p/%							
	2.5	5	7.5	10	12.5	15	17.5	20
干燥珊瑚砂								
c/kPa	16.6	26.2	24.0	15.9	12.1	9.8		
φ/(°)	28.0	35.6	39.6	41.6	41.4	38.5		
R^2	0.91	0.96	0.98	0.99	0.99	0.97		
饱和砂(排水)								
c/kPa		95.3	75.6	48.0	30.3	24.8		
φ/(°)		23.7	32.0	36.6	37.2	37.1		
R^2		0.74	0.94	0.99	0.98	0.97		
饱和砂(不排水)								
c/kPa	13.6	24.1	31.5	36.1	42.8	47.2	52.6	65.2
φ/(°)	18.3	22.5	26.0	28.7	30.1	31.3	31.6	29.8
R^2	0.98	0.99	0.99	0.99	0.99	0.99	0.99	0.99

由咬合力 c 的变化趋势可知,干燥珊瑚砂的咬合强度呈现出先增大后减小的发挥过程。在加载初始阶段,随着荷载的加大,颗粒间的咬合变得更加紧密,使得初始阶段咬合强度出现增强。但随着应力的增加,颗粒尖端区域会出现破碎,导致咬合结构逐渐消失,从而使得咬合强度出现大幅下降。因此,干燥珊瑚砂的变形过程可以认为是摩擦—咬合的一个先硬化后软化的过程。

排水条件下,饱和珊瑚砂的强度发挥过程与干燥珊瑚砂大体一致,因为在排水条件下,承载的主要还是珊瑚砂本身。但在相同应变条件下,饱和珊瑚砂的摩擦强度与咬合强度均小于干燥珊瑚砂。因为孔隙水的存在,降低了颗粒间的摩擦系数,使得颗粒间滑动摩擦力及咬合结构间的咬合摩擦力减小。

不排水条件下,饱和珊瑚砂的强度发挥过程出现了极大的变化。随着荷载的增加,颗粒间接触面积会逐步增大,其摩擦强度也是同步提高的,并且由于剪胀效应,在大应变下,摩擦强度出现轻微的降低。但其咬合强度却不同于干砂的衰减,而是呈现增强的趋势。这是由于不排水条件下,孔隙水压力会随着变形的发展而先增大,则孔隙水对咬合结构的包裹作用会增强,使得颗粒间的咬合更加紧密,咬合力随之增大。因为颗粒间的咬合嵌入是不可逆的,所以即使由于剪胀效应,孔隙水压力出现了减小,其咬合力也不会随之而减小。

因此可以得出这样的结论,珊瑚砂的强度发挥实际上是摩擦—咬合强度的一个先硬化后软化的过程。但孔隙水的存在会使珊瑚砂颗粒间的运动、排布发生重大的变化,影响其强度的发挥。

5. 变形特征

干燥珊瑚砂可以认为是固气两相介质,而饱和珊瑚砂是固液两相介质,在三轴压缩试验中,需要通过不同的方式确定珊瑚砂体积变化的特征。这里提出三种适用于不同试验条件下测量珊瑚砂体积变化量的方法:

(1)干燥珊瑚砂的体积变形主要源自颗粒的变形和试样内部气体的排出。因为排出的气体会部分溶于水,所以通过连通试样内部的反压装置体积的变化确定珊瑚砂的体积变形是不准确的。因此,可以考虑通过试验装置腔体内水的体积变化近似确定试样的体积变形。

(2)排水条件下,饱和珊瑚砂的体积变形主要由于颗粒的变形和试样内部水的排出。因此,此处可以以连通试样内部的反压装置的体积变化准确地确定试样的体积变形。

(3)不排水条件下,饱和珊瑚砂的体积是保持不变的,但其体积变化的趋势可以通过试样孔隙水压力的变化来反映。

通过上述方法可以分别确定不同相对密度和有效围压下珊瑚砂在三轴剪切下体积变化的趋势特征。体积减小(剪缩)为正,增大(剪胀)为负。干燥珊瑚砂和排水条件下饱和珊瑚砂的体应变分别如图 2.13 和图 2.14 所示。不排水条件下饱和珊瑚砂的超孔隙水压力的变化如图 2.15 所示。

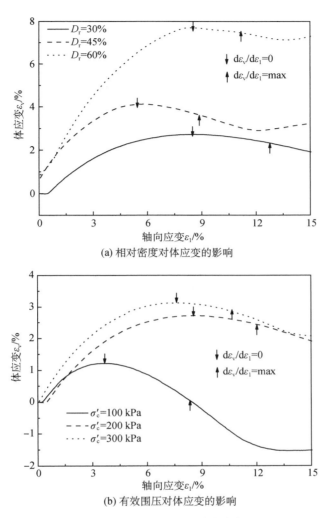

(a) 相对密度对体应变的影响

(b) 有效围压对体应变的影响

图 2.13　干燥珊瑚砂的体应变

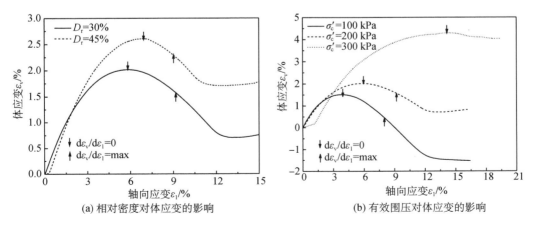

(a) 相对密度对体应变的影响　　　　　　　(b) 有效围压对体应变的影响

图 2.14　排水条件下饱和珊瑚砂的体应变

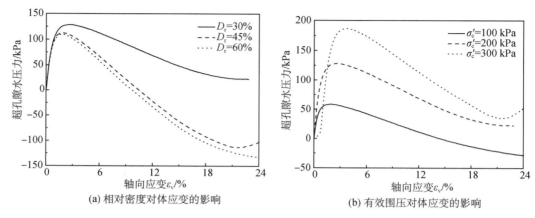

图 2.15 不排水条件下饱和珊瑚砂的孔隙水压力

　　干燥珊瑚砂在三轴剪切条件下,其体应变均表现出先剪缩后剪胀的变化趋势。在剪缩向剪胀转变的拐点处,体积应变率(体应变增量 $d\varepsilon_v$ 与轴向应变增量 $d\varepsilon_1$ 的比)为零。在拐点前,体应变随着轴向应变逐渐增大,且为正;在拐点后,体应变随着轴向应变逐渐减小,但在轴向应变达到 15% 时,除了有效围压为 100 kPa 的体应变减为负值,其余皆为正。为了便于对比分析,将体积由剪缩向剪胀开始转变时的拐点($d\varepsilon_v/d\varepsilon_1=0$)定义为扩容点,对应于土力学中的相位转换状态,将体应变率最大($d\varepsilon_v/d\varepsilon_1=$ max)对应的点定义为软化点,对应于土力学中的临界状态。由图 2.13 可知,扩容点处的体应变总是处于剪缩状态,并且随着有效围压和相对密度的增大而增大。软化点处的体应变总是小于扩容点处的体应变。扩容点处对应的体应变同样随着有效围压和相对密度的增大而增大。软化点处的体应变是剪缩还是剪胀,与初始物理条件即应力状态相关。当相对密度小、有效围压小时,软化点处的体应变表现为剪胀,其余物理条件下均表现为剪缩。

　　扩容点和软化点对应的偏应力($\sigma_1 - \sigma_3$)如图 2.16 所示。由图可知,不同相对密度的珊瑚砂在扩容点对应的偏应力相差不大。这是因为珊瑚砂从受剪开始直到扩容点,偏应力的作用是使珊瑚砂试样达到更加密实的状态。这个过程只与有效围压有关,与相对密度大小无关。在体积一定的情况下,相对密度更大的砂样中,颗粒的相对运动过程中会出现更多的摩擦和扩容。因此,软化点处的强度应该随相对密度的增大而增大。但是图 2.16 中显示,不同相对密度的珊瑚砂在软化点处对应的偏应力相差不大。由强度发挥理论分析可知,这是咬合强度降低的结果。

　　扩容点和软化点处的偏应力均随有效围压的增大而增大,这与莫尔-库仑强度准则是一致的。并且扩容点处的偏应力小于软化点处,这是因为在受压过程中扩容点处的偏应力仅与颗粒的滑移有关,而软化点处的偏应力除了与颗粒的滑移有关,还与土体的扩容有关。扩容程度越高,对应的偏应力会越大。

　　排水条件下,饱和珊瑚砂的体应变与干砂均表现出先剪缩后剪胀的变化趋势,并且其体应变的变化特征与干燥珊瑚砂一致。在这一试验条件下珊瑚砂的扩容点和软化点对应

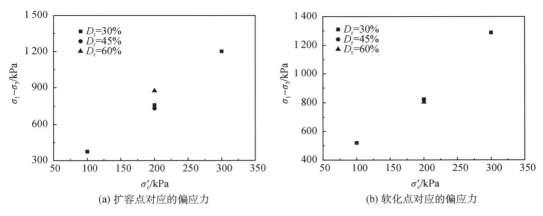

(a) 扩容点对应的偏应力　　　　　　　　(b) 软化点对应的偏应力

图 2.16　干燥珊瑚砂扩容点与软化点对应的偏应力

的偏应力如图 2.17 所示。由图可知,排水条件下,珊瑚砂在扩容点处的偏应力同样小于软化点处,并且随着有效围压的增大而增大,但是扩容点和软化点处的偏应力均与相对密度有关。这与颗粒间的滑移及土体的体积变化存在关联。这一现象还需更多的试验数据进行验证。

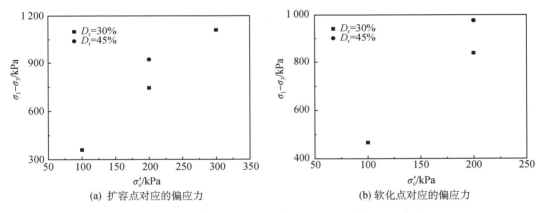

(a) 扩容点对应的偏应力　　　　　　　　(b) 软化点对应的偏应力

图 2.17　排水条件下珊瑚砂扩容点与软化点对应的偏应力

　　不排水条件下,饱和珊瑚砂的超孔隙水压力呈现出先增大后减小的变化特征(图 2.15),这表明对应的饱和试样呈现出先剪缩后剪胀的体积变化趋势。并且饱和试样的剪缩趋势随着相对密度的增大而减小,随着有效围压的增大而增大。

　　不排水条件下,饱和珊瑚砂的三轴剪切试验的有效应力路径如图 2.18 所示。与干燥珊瑚砂或排水条件下饱和珊瑚砂的应力路径相比,在加载初期,不排水条件下饱和珊瑚砂的体应变表现为剪缩,此时孔隙水压力增大,平均有效应力减小,使得其有效应力路径表现为非直线状。应力路径与全应力路径距离最远的点,对应于饱和珊瑚砂的体应变趋势从剪缩向剪胀的转变,称为相位转换点 PT。从有效应力路径上可以看出,对于不同相对密度的珊瑚砂试样,其相位转换点对应的偏应力几乎一致,而不同有效围压下的相位转换点基本位于过原点的直线上,该直线即是珊瑚砂的相位转换线。通过拟合可以得到相位

转换线方程为

$$q = 0.512\,49p'$$ (2.3)

通过式(2.3)可得饱和珊瑚砂体应变由剪缩向剪胀转变对应的应力比为 $q/p' = 0.512\,49$。前述干燥珊瑚砂和排水条件下饱和珊瑚砂对应扩容点的应力比分别为 $0.661\,35$ 和 $0.660\,20$。由此可知,干燥珊瑚砂与排水条件下饱和珊瑚砂相位转换点对应的应力比是一致的,但比不排水条件下饱和珊瑚砂的相位转换点对应的应力比大。

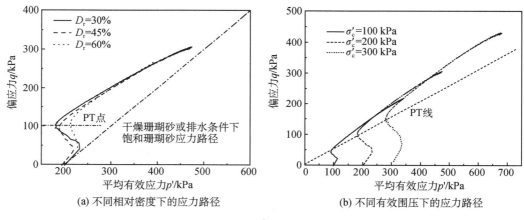

(a) 不同相对密度下的应力路径 (b) 不同有效围压下的应力路径

图 2.18 有效应力路径

2.1.3 珊瑚砂静力模型

1. 模型建立

基于三轴压缩试验结果可以发现,珊瑚砂的峰前应力-应变曲线是双曲线形,而峰后部分,珊瑚砂和排水条件下饱和珊瑚砂是三阶段的,不排水条件下饱和珊瑚砂是两阶段双曲线形。因此,珊瑚砂的模型应该既能表现出双曲线形状的峰前部分,又能描述三阶段或双曲线形状的峰后部分。

对于峰前部分,应力-应变曲线可以认为是双曲线形。基于邓肯-张的双曲线弹性模型,其应力-应变关系同样可以表示为

$$\sigma = \frac{\varepsilon_1}{a + b\varepsilon_1}$$ (2.4)

式中,ε_1 为轴向应变(%);σ 为主应力差(kPa),$\sigma = \sigma_1 - \sigma_3$;$a$ 和 b 为试验参数。

对于峰后部分,三阶段应力-应变曲线是反 S 形状的,可以用下面的函数表示:

$$\sigma = \sigma_p - A\left[1 - \frac{1}{1 + \left(\dfrac{\varepsilon_1}{m} - \dfrac{\varepsilon_p}{m}\right)^p}\right]$$ (2.5)

式中,ε_1 为轴向应变(%);σ 为主应力差(kPa),$\sigma = \sigma_1 - \sigma_3$;参数 ε_p 和 σ_p 分别为对应于

式(2.5)的起始点的横坐标和纵坐标;参数 A 确定式(2.5)终点的纵坐标。结合峰后应力-应变曲线的特征,可以推断出 σ_p 为峰值应力(kPa);ε_p 为峰值应变(%);A 为峰值应力与残余应力的差(kPa)。参数 m 为软化率系数。如图 2.19 所示,m 影响加速阶段和稳定阶段的软化速率。m 越大,应变软化速率就越小。参数 p 为阶段系数,如图 2.19 所示。p 影响加速阶段持续的时间。p 越大,加速阶段所占时间比例就越大。特别是当 $p=1$ 时,加速阶段的持续时间为零,即加速阶段消失。此时式(2.5)退化为双曲线形式,表示为

$$\sigma = (\sigma_p - A) + A\,\frac{m}{m + (\varepsilon_1 - \varepsilon_p)} \tag{2.6}$$

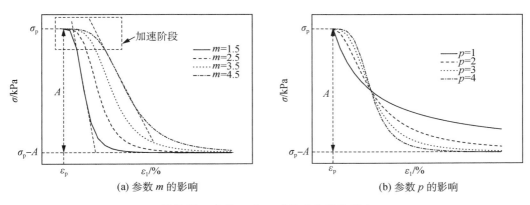

(a) 参数 m 的影响　　　　　　　　(b) 参数 p 的影响

图 2.19　参数 m 和 p 对峰后曲线的影响

这表明通过调整参数 p 的值,式(2.5)既可以表示反 S 形曲线,又可以描述双曲线,即式(2.5)可以用于描述不同状态(干燥、饱和)以及不同试验条件(排水、不排水)下饱和珊瑚砂的峰后应力-应变关系。

综上所述,珊瑚砂静力下的全应力-应变关系数学模型可写为

$$
\sigma =
\begin{cases}
\dfrac{\varepsilon_1}{a + b\varepsilon_1} & (\sigma < \sigma_p) \\[4mm]
\sigma_p - A\left[1 - \dfrac{1}{1 + \left(\dfrac{\varepsilon_1}{m} - \dfrac{\varepsilon_p}{m}\right)^p}\right] & (\sigma > \sigma_p)
\end{cases}
\tag{2.7}
$$

2. 模型验证

为了验证数学模型的适用性,将计算结果与试验结果进行比较,结果如图 2.20 所示。将式(2.4)和式(2.5)分别与峰前和峰后应力-应变曲线进行拟合。参数 ε_p,σ_p 和 A 在拟合前,可以根据其物理意义,结合试验曲线进行确定。参数 a,b,m 和 p 的值通过与试验数据的拟合得到。模型的参数值如表 2.7 所示。

表 2.7 模型参数拟合结果

参数	D_r/%	σ'_c/kPa	a/ ($\times 10^{-3}$)	b/ ($\times 10^{-3}$)	ε_p/%	σ_p/kPa	A/kPa	m	p
干燥珊瑚砂	30	100	5.54	1.20	8.66	525.28	203.84	3.34	2.42
	30	200	4.29	0.85	12.40	820.76	325.98	4.56	4.16
	30	300	2.73	0.49	10.50	1 285.84	445.53	3.39	4.21
	45	200	2.67	0.88	8.81	819.19	321.10	2.91	4.36
	60	200	3.16	0.75	9.11	880.73	389.19	3.53	3.00
排水条件下饱和珊瑚砂	30	100	5.77	1.4	9.51	463.42	149.86	2.32	4.00
	30	200	3.59	0.78	10.40	727.01	292.30	1.50	3.00
	30	300	3.6	0.57	12.93	1 069.60	252.44	2.35	4.06
	45	200	3.38	0.62	8.98	977.29	296.06	1.93	2.79
	60	200	2.61	0.69	10.39	1 033.78	220.41	2.66	4.25
不排水条件下饱和珊瑚砂	30	100	14.54	1.75	—	—	—	—	—
	30	200	7.68	1.24	18.44	610.79	166.92	5.89	1.96
	30	300	5.04	0.90	17.07	854.90	433.96	7.81	1.92
	45	200	6.7	0.64	18.91	970.21	366.56	9.97	1.43
	60	200	5.43	0.61	18.97	1 080.73	417.86	11.49	2.80

由图 2.20 可以明显地看到,本节建立的模型可以很好地描述珊瑚砂的静力应力-应变曲线。更重要的是,模型参数容易确定,并且物理意义明确。因此,该模型更易于在工程实践中应用。

不排水条件下,饱和珊瑚砂的峰后应力-应变曲线在前述部分被认为是双曲线形,但双曲线函数的应用效果没有反 S 函数好。因此,参数 p 的值不等于 1。但是对于 Toyoura 砂,当参数 $p=1$ 时,其双曲线峰后软化曲线可以被本节建立的数学模型很好地描述。与 Jin 等[10]提出的归一化模型相比,本节建立的数学模型表现出更好的结果,如图 2.21 所示。归一化模型既适用于砂,又适用于黏土,但其模型参数达 13 个,并且参数的确定也相对复杂。与之相比,本节建立的数学模型有 7 个参数,并且可以根据三轴试验结果很快地确定。因此,本节建立的数学模型相对更易于运用。

砂土的峰前应变几乎都是双曲线形的,所以双曲线函数对于砂土是普遍适用的。但是砂土的峰后软化过程是不同的。对于高压缩性的砂土,如珊瑚砂,它的峰后软化呈现出明显的三阶段特性;而对于不易压缩的砂土,如 Toyoura 砂,其峰后软化是双曲线形的,或者甚至是近线性的。本节建立的数学模型最大的特点就是它能够很好地描述峰后不同阶段的软化特征。

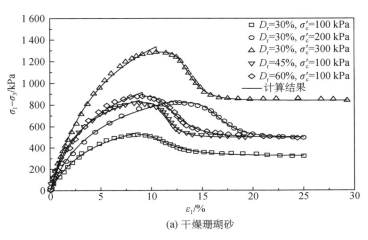

(a) 干燥珊瑚砂

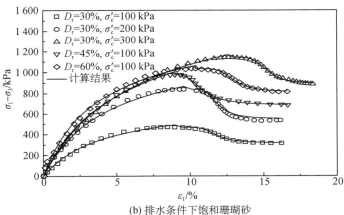

(b) 排水条件下饱和珊瑚砂

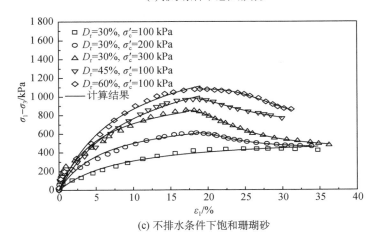

(c) 不排水条件下饱和珊瑚砂

图 2.20　计算结果与试验结果的比较

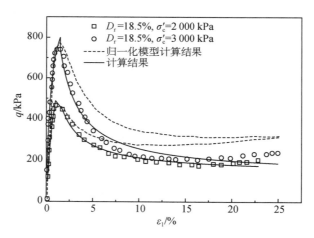

图 2.21 模型计算结果与 Toyoura 砂试验结果的比较

2.2 中高应变率下珊瑚砂的动力学特性

近年来,分离式霍普金森压杆(SHPB)试验技术被广泛应用于砂土动态力学特性的研究中。通过对压杆中传播的应力波(入射波、反射波及透射波)进行分析,可以得到试样前后端面的应力时程曲线和应变时程曲线,将两者的时间变量消去后即可得到砂土的动态应力-应变关系。因此,压杆中应力波的测量结果决定了最终试验结果的准确程度。为获得更高精度的应力-应变曲线,本节选用半导体应变片作为压杆中应力波的测量手段,其灵敏系数远高于常用的电阻应变片。由于珊瑚砂试样中的粗颗粒成分含量较多,因此需采用较大直径的压杆。对大直径压杆中应力波传播的分析还需要考虑压杆的三维波动效应[11, 12]。

本节首先介绍了带有组合密封圈的装样容器,从而避免加载过程中砂土颗粒及孔隙水的流失;其次分析了非饱和珊瑚砂 SHPB 试验技术中的问题,包括半导体应变片的非线性灵敏系数、压杆三维波动效应的修正以及侧向应力计算公式的修正;最后使用 SHPB 试验系统,研究了应变率、试样初始密度及含水率对非饱和珊瑚砂动态力学特性的影响,分析了较高饱和度珊瑚砂试样锁变现象的机制。

2.2.1 试验设计

1. 珊瑚砂的物理参数

试验所用的珊瑚砂取自中国南海某岛,称取具有代表性的珊瑚砂扰动试样并放入烘箱中烘干,利用筛分的方法除去试样中粒径大于 2 mm 的颗粒。按照《土工试验方法标准》(GB/T 50123—2019)[13]得到筛分后的珊瑚砂试样的级配曲线如图 2.22 所示,试样的最小干密度与最大干密度分别为 1.12 g/cm³ 和 1.47 g/cm³,颗粒比重为 2.81 g/cm³。计算可得试样的平均粒径 $d_{50}=0.348$ mm,不均匀系数 $C_u > 6$,属于不均匀中砂。

2. 试样参数及加载方案

由于珊瑚砂的孔隙率高且细粒成分较多,因此,烘干后的珊瑚砂会在空气中吸附水蒸气至其含水率约为 1%。为研究试样含水率对珊瑚砂中高应变率下动态力学特性的影响,设计了初始干密度为 1.42 g/cm³,含水率分别为 1%,10%,20% 和 30% 的试样。为方便表述,在下文中称含水率为 1% 的试样为干燥试样,称含水率大于或等于 10% 的试样为潮湿试样。通过在珊瑚砂中加入一定质量的

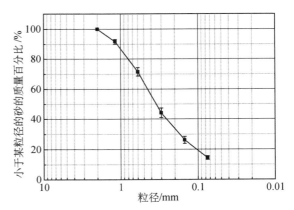

图 2.22　SHPB 试验所用珊瑚砂试样的级配曲线

水混合并搅拌均匀后,可获得指定含水率的潮湿试样。为验证搅拌的均匀性,可从搅拌所得珊瑚砂试样中取 5 组质量为 100 g 的试样进行含水率测定,当试样含水率的不确定度小于 0.5% 时可认为搅拌均匀。

为研究试样初始密度对珊瑚砂动态力学特性的影响,设计了含水率为 1%,初始干密度分别为 1.42 g/cm³,1.35 g/cm³ 和 1.26 g/cm³ 的三种试样,对应的相对密度分别为 89%,72% 和 47%。其中,前两种试样均属于密实砂,第三种试样属于中密砂[14]。

为研究应变率对珊瑚砂动态力学特性的影响,对上述每一种试样均进行三组不同加载速度的试验。本节共分析了 18 组试验的结果,各试验组的编号、相应的试样参数以及子弹速度设计值如表 2.8 所示。其中,每个试验组均包含 3 次独立重复试验,每次重复试验的编号以“组编号-重复次数”表示,如“CS001-1”表示 CS001 组试验中的第 1 次试验。

表 2.8　试样参数及加载方案

试验组编号	干密度 /(g·cm⁻³)	(湿)密度 /(g·cm⁻³)	含水率 /%	总质量 /g	子弹速度设计值 /(m·s⁻¹)
CS001					5
CS002		1.43	1	15.42	10
CS003					20
CS101					5
CS102		1.56	10	16.79	10
CS103					20
CS201	1.42				5
CS202		1.70	20	18.32	10
CS203					20
CS301					5
CS302		1.85	30	19.84	10
CS303					20

(续表)

试验组编号	干密度 /(g·cm⁻³)	(湿)密度 /(g·cm⁻³)	含水率 /%	总质量 /g	子弹速度设计值 /(m·s⁻¹)
CS004					5
CS005	1.35	1.36		14.66	10
CS006			1		20
CS007					5
CS008	1.26	1.27		13.68	10
CS009					20

2.2.2　SHPB 试验系统

在近年来关于砂土动态力学特性的研究中,通常使用的是压杆直径较小的 SHPB 设备,如 Song 等[15]、Martin 等[16-18]以及 Luo 等[19-21]使用的 SHPB 设备中的压杆直径均为 19 mm。小直径压杆的三维波动效应较弱,可避免对数据信号进行复杂的修正计算。考虑到珊瑚砂试样含较多的大粒径颗粒,若压杆尺寸较小,则难以保证试样的均匀性。因此需采用压杆直径为 37 mm 的 SHPB 试验系统,包括由子弹、入射杆、透射杆、吸收杆及阻尼器在内的加载系统,由激光测速仪、半导体应变片、超动态应变仪及数据采集仪组成的测试系统,以及由两个垫块和套筒组成的装样容器,试验系统的示意图如图 2.23 所示。其中,入射杆与透射杆长度均为 2 000 mm,子弹长度为 600 mm,吸收杆长度为 1 000 mm,所有压杆材料均为 7075-T6 铝合金。

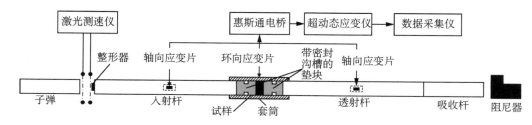

图 2.23　SHPB 试验系统示意图

需要注意的是,SHPB 试验结果有效的基本条件之一是试件前后端面处于应力平衡状态。由于珊瑚砂波阻抗低,根据应力波理论[11],采用低阻抗的铝合金杆可以比常用的合金钢杆更容易使试样在变形初期就达到应力平衡状态。另外,为提高信号的信噪比,采用半导体应变片测量压杆表面的应变。半导体应变片的灵敏系数是常用电阻应变片的 50 倍以上,但使用时需要考虑其在大应变($>500\ \mu\varepsilon$)下的非线性以及拉压不对称的特性[22],因此在使用前需要对其进行动态标定。

作为散体介质,珊瑚砂试样并没有固定的形状,同时由于其强度与静水压力相关,因此需要提供一定程度的侧向约束才能进行 SHPB 试验。在包括气压、液压、刚性约束和半刚性约束在内的诸多约束手段中[15, 17, 23, 24],最为方便且易于进行定量分析的就是侧限刚性约束。砂土试样在刚性约束下的变形可视为准一维应变,这与侵彻或爆炸问题中近区介质的应变状态较为类似,因此具有重要研究意义。

装样容器由一个厚壁套筒、两个带密封元件的垫块和两个定位柱组成,如图 2.24(a)所示。其中,厚壁套筒为试样提供侧限刚性约束,垫块与定位柱用来定位试样,同时垫块还起到密封试样的作用。厚壁套筒由 304 不锈钢制成,其外径为 47 mm,厚度为 5 mm,长度为 90 mm。垫块和定位柱由 7075-T6 铝合金加工制成,其直径为 37 mm,厚度为 20 mm。两个垫块上均加工有用于安装密封元件的沟槽,其中一个垫块的中心加工有 M3 螺纹孔,以便在装样时排出多余气体,待装样完毕后使用堵头螺钉将其密封。所有工件的加工误差均不超过 0.05 mm。

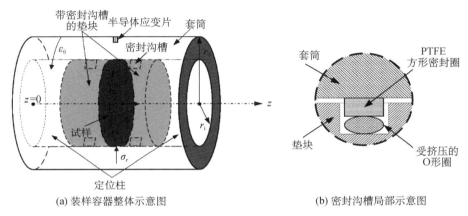

(a) 装样容器整体示意图　　　　　(b) 密封沟槽局部示意图

图 2.24　装样容器示意图

SHPB 试验中通常采用 O 形圈[25]或真空硅脂[20]作为密封元件对仪器进行密封。当 O 形圈用作动轴密封时,其工作压力一般不超过 10 MPa[26],而真空硅脂也仅能在装样过程中起到一定的密封作用。考虑到动态荷载作用时间短且孔隙水渗流速度有限,虽然可以近似认为试样具有不排水边界,却难以评估这种近似对试验结果带来的影响。考虑到上述影响,采用格莱圈作为密封元件,格莱圈由一个橡胶 O 形圈和一个聚四氟乙烯(PTFE)方形圈组合而成,属于组合密封元件。与 O 形圈相比,格莱圈具有摩擦力小(实测试验所用格莱圈单个摩擦力约为 200 N)、无爬行、启动力小和耐高压的特性,其在密封沟槽中的安装位置如图 2.24(b)所示。按试样直径为 37 mm 计算可得,摩擦力对法向应力的影响约为 0.37 MPa,与试验中法向应力的幅值相比可以忽略。

2.2.3　试验结果与分析

通过对 6 种试样开展的 18 组平行试验(每组中包含 3 个平行试验),得到了各组试验中的子弹速度,试样的应变率、应变峰值和应力峰值统计取平均后的结果,如表 2.9 所示。

表 2.9　珊瑚砂 SHPB 试验结果汇总

试验组编号	平均子弹速度 /(m·s⁻¹)	平均应变率 /s⁻¹	平均应变峰值	平均应力峰值 /MPa
CS001	21.4	1 128	0.273	90.8
CS002	9.8	487	0.118	17.8
CS003	4.0	335	0.080	12.5
CS101	18.5	1 118	0.277	67.0
CS102	9.1	551	0.143	23.9
CS103	3.6	242	0.062	13.9
CS201	18.1	1 137	0.283	71.0
CS202	9.1	533	0.142	22.9
CS203	3.6	209	0.060	13.1
CS301	18.1	836	0.174	113.9
CS302	9.1	522	0.129	51.8
CS303	3.5	243	0.067	15.4
CS004	19.9	1 189	0.293	77.1
CS005	9.6	693	0.177	24.7
CS006	5.1	412	0.097	10.2
CS007	19.2	1 253	0.314	61.5
CS008	10.5	748	0.192	18.5
CS009	5.3	385	0.104	6.4

1. 压杆三维波动效应修正效果及试验结果重复性

图 2.25(a),(b)分别为 CS001-1 试验中,压杆三维波动效应修正前与修正后试样前后端面的应力时程曲线。对比可知,压杆三维波动效应的修正对试样前端面应力信号具有显著影响,而对试样后端面的应力信号无明显影响。由图 2.25(b)可知,除初期加载外,试样前后端面基本处于应力平衡状态。

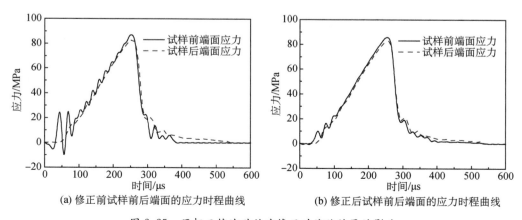

(a) 修正前试样前后端面的应力时程曲线　　　(b) 修正后试样前后端面的应力时程曲线

图 2.25　压杆三维波动效应修正对试验结果的影响

图 2.26 为 CS001 试验组三次重复试验的轴向应力-应变曲线,从图中可以发现,试验结果的重复性较好。另外,当试样的应变小于 0.13 时,应力-应变曲线具有一定程度的振荡,这是由于在此应变下试样前后端面应力尚未达到完全平衡,因而这一段的数据不能体现试样本身的变形特征。

在对 CS001～CS003 组试验中所有的重复试验进行汇总取平均后,即可获得初始密度为 1.42 g/cm³ 的干燥珊瑚砂试样在不同应变率下的轴向应力-应变曲线,其结果

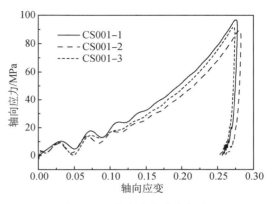

图 2.26　试验结果的重复性

如图 2.27(a)所示。由图可知,CS002 和 CS003 组的试验结果均存在不同程度的应力不平衡现象。但是当试样前后端面应力平衡后,在重合的应力范围内不同应变率的试验结果基本一致。即当应变率在 335～1 128 s⁻¹ 范围内变化时,其对珊瑚砂的一维压缩特性影响不大,这一特点与一些其他种类砂土试样的 SHPB 试验研究结论相同[15, 27, 28]。图 2.27(b)—(f)为不同初始状态试样的轴向应力-应变曲线,除了图 2.27(d)所示的含水率为 30%的试样外,其余所有试样的试验结果重复性均较好,且在试验应变率范围内的一维压缩特性均无明显率效应。

对于图 2.27(d)所示的 30%含水率试样的试验结果,需要分析重复试验产生明显差别的原因。按照珊瑚砂试样的干密度、名义含水率及颗粒比重计算可知,30%含水率试样对应的饱和度为 86%。在该饱和度下,砂土中的空气已不与大气连通[29]。随着试样击实过程中孔隙气体被逐渐排出试样,少量的孔隙水也会在孔隙气驱动下被挤出试样,因此试样的实际含水率将小于名义含水率。

虽然这些试样的含水率有所差别,导致重复试验的结果具有较大的离散性,但仍然可用于分析试样的动态力学特性。由于 30%含水率试样的饱和度较高,当其变形达到一定程度后,孔隙水将承担荷载,其应力-应变曲线会发生斜率陡增的现象。Veyera[25] 在对 Eglin、Tyndall 和 Ottawa 这三种石英砂进行 SHPB 研究时同样发现了这一现象,并将其命名为"锁变"现象,锁变现象发生时的应变值称为锁变应变。锁变现象发生后,试样轴向应力-应变曲线的斜率将持续增大至某一常数,该常数值被称作锁变模量。但图 2.28(d)表明,在锁变现象发生前,30%含水率试样的应力-应变曲线基本一致,锁变现象发生后的锁变模量均约为 2.34 GPa,只是各次独立重复试验中的锁变应变最大相差约 0.03。因此可以认为含水率的些许变化仅会使试样的锁变应变值发生变化,但对试样在发生锁变前的应力-应变曲线及锁变模量均无明显影响。由于 CS301 组试样在锁变发生前试样的应力-应变曲线仍存在应力不平衡现象,因此选取 CS303 组试验的平均值以及 CS302-1 试验的试验结果来研究 30%含水率试样。

2. 含水率对轴向应力-应变关系的影响

为分析含水率对试样轴向应力-应变关系的影响,将不同含水率试样的试验结果汇总

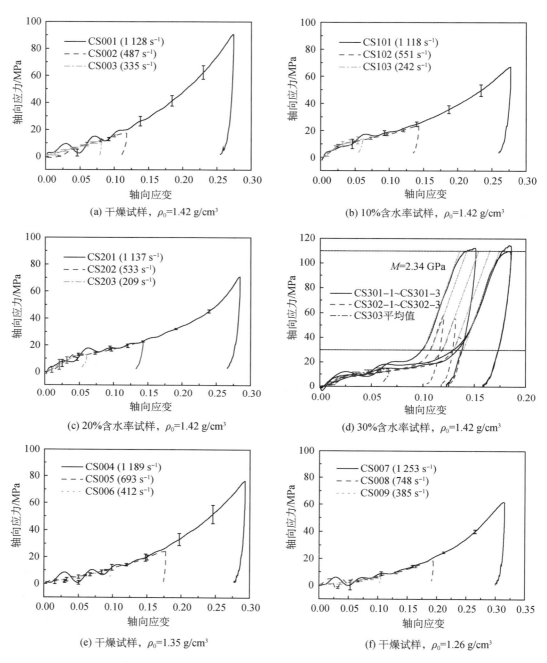

图 2.27 不同初始状态下珊瑚砂试样的轴向应力-应变曲线

于图 2.28 中。对比可知,在 30% 含水率试样发生锁变现象后,其轴向应力-应变曲线将迅速陡增,并可大致分为两个阶段:在第一阶段中,轴向应变曲线的斜率不断增大;在第二阶段中,轴向应力-应变曲线斜率保持在 2.34 GPa 左右。为方便描述,分别将这两个阶段命名为过渡阶段和稳定阶段。锁变现象发生后试样的变形并不由试样的初始含水率控制,对该现象中试样的变形机制将在后面具体讨论。

在试样发生锁变现象之前,其
应力-应变关系主要体现了试样骨
架的变形特征。由图 2.28 可知,试
样含水率对其轴向应力-应变关系
有显著影响。首先,干燥试样的试
验结果呈递增硬化特征,而潮湿试
样的应力-应变关系则呈现出如
Whitman[30] 所描述的 S 形特征,即
在低应变下呈递减硬化特征,而在
高应变下呈递增硬化特征。具体影
响包括两点:①当轴向应变小于
0.025 时,干燥试样的切线压缩模

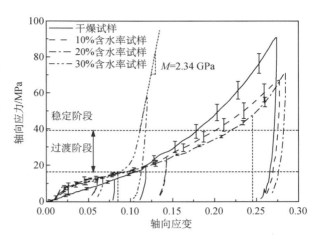

图 2.28　含水率对珊瑚砂轴向应力-应变关系的影响

量低于潮湿试样,当轴向应变大于 0.025 时则相反;②对于潮湿试样,在相同应变下,10%含
水率和30%含水率试样中的应力基本一致,而20%含水率试样中的应力则明显小于前两者。

　　上述两点影响可从不同方面进行解释。已有的研究表明,砂土在干燥或潮湿状态下
击实至相同密度时,其土骨架的结构具有显著差异,具体表现在抗液化能力[31]、循环荷载
作用下的强度[32] 和渗透系数[33, 34] 的变化。Ladd[32] 指出,在击实潮湿砂土时,毛细压力将
阻碍颗粒的运动,从而使土颗粒的运动方向更随机,所获得试样的骨架结构也更均匀。
Pierce[35] 对比了在干燥和潮湿状态下进行击实并烘干的两种试样的波速、应力透射比和
准静态模量,结果显示第二种试样的这些参数均大于第一种试样。因此,孔隙水对击实砂
土的结构造成的影响是小应变下干燥试样的切线模量小于潮湿试样的主要原因。

　　随着试样变形的持续,砂土的初始骨架将被破坏。对于干燥试样,随着颗粒的破碎与
重排,其颗粒之间的接触点将不断增多,因此会表现出递增硬化的特征。由于潮湿试样初
始骨架的结构性较好,因此当其被破坏时,初始骨架将发生软化。由骨架破坏而产生的软
化机制与由颗粒破碎、重排引起的硬化机制共同作用,从而使得潮湿珊瑚砂试样的应力-
应变关系表现出递减硬化的特征。当潮湿试样的初始骨架结构被几乎完全破坏后,其应
力-应变关系将转变为递增硬化特征。

　　对于潮湿砂土,由于孔隙水能够减小颗粒间的摩擦力,因此,当试样的含水率由 10%
提高至 20%时,试样的切线模量也持续减小。而当含水率继续提高时,由于孔隙水的存
在将阻止颗粒的相对运动,从而使得试样的模量会有所增大[18, 36]。这种由于孔隙水增加
而导致潮湿珊瑚砂的模量先减后增的趋势与潮湿石英砂的情况相似[18, 25]。

3. 侧压力系数

　　侧压力系数 k_0 是准一维应变压缩试验中的重要参数,其定义为

$$k_0 = \frac{\sigma_r}{\sigma_z} \tag{2.8}$$

式中,σ_r 为试样的侧向应力;σ_z 为试样的轴向应力。

　　将试样侧向应力与其平均轴向应力的时程曲线相除,即可得到试样在准一维应变条件下侧压力系数 k_0 的时程曲线。图 2.29(a)—(f)分别给出了 30%含水率试样在不同的应变幅值下,轴向应力与侧向应力的时程曲线及相应的 k_0 时程曲线。

　　根据 k_0 时程曲线的特点可将其分为四个阶段:未平衡阶段、阶段Ⅰ、过渡阶段和阶段Ⅱ。

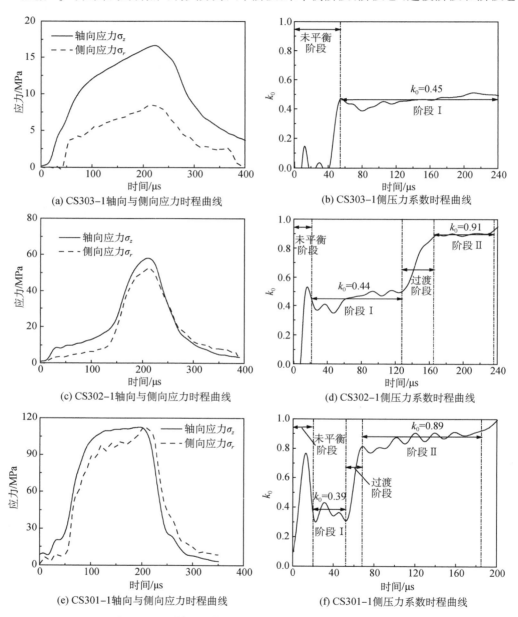

图 2.29　30%含水率试样的应力及侧压力系数时程曲线

　　在未平衡阶段,试样的变形仍是不均匀的,因此不具有研究意义。在阶段Ⅰ中,试件处于应力平衡状态,虽然 k_0 呈现出增大趋势,但基本维持在一个稳定值。当试件变形到一定程度时,k_0 的时程曲线将出现与轴向应力-应变曲线相同的陡增现象,此即过渡阶段。随着变形的继续增加,k_0 将继续保持为一定值,此即阶段 Ⅱ。通过对比过渡阶段起点处的应力值可以发现,k_0 时程曲线中过渡阶段和阶段 Ⅱ 与轴向应力-应变曲线中的过渡阶段和稳定阶段相对应,证明了 k_0 的陡增同样属于锁变现象。

在所有试验组中,除图 2.29 中所示的 CS301 组和 CS302 组试样外,仅 CS201 组试样的时程曲线出现了过渡阶段,其余试验组中的侧压力系数时程曲线仅包含应力未平衡阶段与阶段 Ⅰ。将所有试验中阶段 Ⅰ 的侧压力系数峰值与轴向应力峰值的关系汇总于图 2.30 中,可以发现:所有试样的侧压力系数均会随轴向应力的增大而增大;相同应力下所有潮湿试样的侧压力系数均大于干燥试样,但含水率的变化对潮湿试样的侧压力系数无明显影响。

虽然由图 2.30 可知珊瑚砂的侧压力系数随轴向应力峰值的增大而增大,但试验结果的离散性较大。为确认这一趋势,可以通过消去轴向应力时程曲线和侧向应力时程曲线中的时间变量,进而获得在同一发试验中轴向应力和侧压力系数的对应关系。根据上述方法进行计算,图 2.31 给出了 CS001 组试验的结果。由图可知,在试样变形初期,侧压力系数具有明显波动,但试样的侧压力系数随轴向应力的增大而明显增大。另外,在卸载过程中,试样的侧压力系数会随轴向压力的减小而进一步增大。

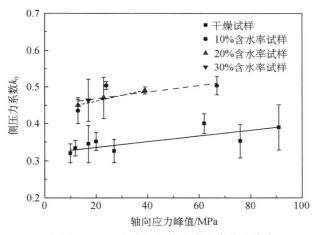

图 2.30　侧压力系数与轴向应力峰值的关系

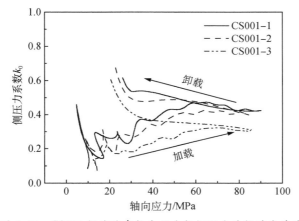

图 2.31　CS001 组试验中轴向压力与侧压力系数对应关系

4. 初始密度对试验结果的影响

根据图 2.30 可知,珊瑚砂试样的初始密度对其侧压力系数无明显影响,因此本节将仅讨论其对轴向应力-应变关系的影响。

在舍去应力未平衡阶段的数据后,图 2.32 展示了不同初始密度条件下干燥试样的轴向应力-应变关系。由图可知,试样的可压缩性随初始密度的增大而减小,但其应力-应变关系均呈递增硬化特征。

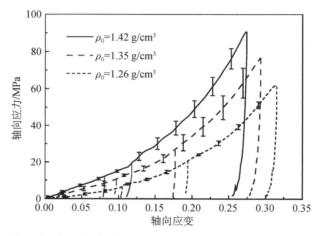

图 2.32　初始密度对干燥珊瑚砂轴向应力-应变关系的影响

在土力学中,通常采用 e-$\lg \sigma$ 曲线来描述试样在准一维应变压缩试验(即固结试验)中的变形规律。式中,e 为试样的孔隙比,σ 为试样的轴向应力。对于颗粒比重为 G_s 的试样,其孔隙比按下式计算:

$$e = \frac{G_s}{\rho} - 1 \tag{2.9}$$

式中,ρ 为试样的瞬时密度,在准一维应变条件下可以根据试样的初始密度 ρ_0 及轴向应变 ε_z 计算:

$$\rho = \frac{\rho_0}{1 - \varepsilon_z} \tag{2.10}$$

根据式(2.9)和式(2.10),即可将图 2.32 所示的轴向应力-应变曲线换算为 e-$\lg \sigma$ 曲线,不同试样的换算结果如图 2.33 所示。由图可知,不同初始密度珊瑚砂的加载曲线在轴向应力约为 20 MPa 处相交后基本重合,而卸载曲线也均为斜率近似相同的直线。一般称加载曲线直线段的斜率为压缩指数 C_c,称卸载曲线的斜率为回弹指数 C_s,两者均按下式计算得出[14]:

$$C_{c(s)} = -\frac{\mathrm{d}e}{\mathrm{d}(\lg \sigma)} \tag{2.11}$$

根据试验结果计算可知,干燥珊瑚砂的动态压缩指数为 0.238 9,动态回弹指数为 0.010 1。对于与本试验所用南海珊瑚砂具有相似初始级配的珊瑚砂[37],在准静态加载过程中,不同初始密度试样的 e-lg σ 曲线将在 3 MPa 处相交。相应的静态压缩指数为 0.150 2,静态回弹指数为 0.011 9。对比可知,动态变形下珊瑚砂的压缩指数提高了 59%,而回弹指数则降低了 15%。因此,与准静态加载相比,动态加载条件下珊瑚砂的压缩模量将显著增大,但其回弹模量将略微减小。

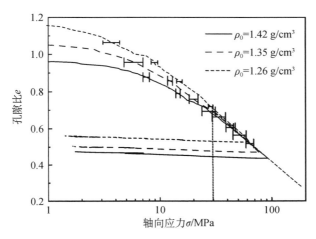

图 2.33　不同初始密度干燥珊瑚砂试样的 e-lg σ 曲线

当轴向应力小于 20 MPa 时,可以通过分析初始密度对试样割线压缩模量的影响来分析其对珊瑚砂轴向应力-应变关系的影响。表 2.10 中列出了不同荷载等级下试样初始密度与其割线压缩模量的对应关系。由表可知,不同初始密度珊瑚砂试样的割线压缩模量均随轴向应力的增大而增大,增大程度越明显则表明试样应力-应变曲线的非线性越显著。当轴向应力由 5 MPa 增至 20 MPa 时,对于初始密度分别为 1.42 g/cm³,1.35 g/cm³ 和 1.26 g/cm³ 的试样,其割线压缩模量分别增加了 9%,23% 和 86%。因此,当轴向应力小于 20 MPa 时,干燥珊瑚砂应力-应变曲线的非线性程度随试样初始密度的增大而减小。对于密实度达到 89%(即 $\rho_0 = 1.42$ g/cm³)的试样,在轴向应力小于 20 MPa 的范围内,其应力-应变曲线可近似看作直线。

表 2.10　干燥珊瑚砂试样的割线压缩模量　　　　　　　（单位:MPa）

轴向应力/MPa	$\rho_0 = 1.42$ g/cm³	$\rho_0 = 1.35$ g/cm³	$\rho_0 = 1.26$ g/cm³
5	146	101	56
10	152	109	76
15	153	112	89
20	160	124	104

2.2.4 锁变现象中的砂土变形机制

锁变现象主要包括两个参数,即锁变应变和锁变模量。在以往关于非饱和石英砂动态力学特性的研究中同样出现了锁变现象[20, 25, 38, 39],表 2.11 列出了包括本次试验及上述研究中的试样参数及锁变参数,其中 R 为锁变应变的试验值与初始状态下单位体积试样中空气含量 α_{10} 的比值,即

$$R = \frac{\varepsilon_{\text{锁变}}}{\alpha_{10}} \tag{2.12}$$

式中,R 值代表了锁变应变的相对大小;α_{10} 按下式计算:

$$\alpha_{10} = 1 - \frac{\rho_{\text{d}}}{G_{\text{s}}} - w\rho_{\text{d}} \tag{2.13}$$

式中,G_{s} 为固体颗粒比重;ρ_{d} 为试样干密度;w 为试样含水率。

表 2.11 非饱和砂土锁变现象中的试样参数及锁变参数

来源	应变率 /s^{-1}	轴向应力峰值 /MPa	砂土种类	不均匀系数 C_{u}	初始孔隙比 e_0	试样饱和度 S_{r}/%	锁变模量 M/GPa	R
Veyera[25]	1 000	220	Eglin 石英砂	3.41	0.51	60	3.32	0.56
						80	2.85	0.44
		180	Tyndall 石英砂	1.18	0.65	80	3.65	0.82
		211	Ottawa 石英砂	1.5	0.55	80	3.24	0.86
Luo[20]	600	300	Quikrete 砂	2.33	0.55	64	—	0.68
						85	—	0.59
Barr[39]	3 500	240	松散 石英砂	2.2	0.77	25	3.17	1.02
						52	3.35	1.01
本试验	500	70	密实 珊瑚砂	>6	1.01	57	—	1.02
						86	2.34	1.11

由于在锁变现象的稳定阶段中,锁变模量的试验值近似等于且略高于相同应力水平下水的压缩模量,因此,Veyera[25] 和 Barr[39] 认为,非饱和砂土在锁变应变处达到完全饱和,在此之后试样的变形主要来自孔隙水和固体组分的压缩,锁变应变的理论值应等于初始状态下试样中气体的体积含量。

然而 Veyera 和 Barr 并没有考虑到孔隙水的体积比例对锁变模量的影响。假设锁变现象的稳定阶段中试样的变形主要来自土颗粒和水的压缩,则在等压条件下混合物的体积压缩模量[40] 应为

$$K_{\text{m}} = \frac{K_{\text{g}} K_{\text{w}}}{K_{\text{w}} + A(K_{\text{g}} - K_{\text{w}})} \tag{2.14}$$

式中，K_m 为混合物的体积压缩模量，在准一维应变条件下与试样轴向应力-应变曲线的斜率相等；A 为单位体积的混合物中水的体积含量；K_w 为水的体积模量；K_g 为固体颗粒的体积模量。

当压力等于 100 MPa 时，水的割线体积模量为 2.64 GPa，当压力等于 200 MPa 时为 3.00 GPa；石英晶体的体积模量为 38 GPa，碳酸钙为 69 GPa[41]。考虑到锁变现象发生时各组分压力及体积变形均较小，因此可以近似认为此时孔隙水和固体颗粒的体积比例不变，则

$$A = \frac{e_0}{1+e_0} \tag{2.15}$$

根据式(2.14)和式(2.15)，结合表 2.11 中各试验的轴向应力峰值可以计算出：在等压条件下水-石英混合物的体积模量为 6.25～7.69 GPa，而锁变模量试验值为 2.85～3.65 GPa；本章所用珊瑚砂的水-碳酸钙混合物的压缩模量为 5.14 GPa，而锁变模量试验值为 2.34 GPa。这说明当非饱和砂土进入锁变状态的稳定阶段后，其变形并不是完全来自孔隙水和固体颗粒的压缩。另外，当 30％含水率的珊瑚砂试样从锁变的稳定阶段开始卸载时，其加卸载曲线存在明显差别，因此，在锁变的稳定阶段中试样仍持续发生塑性变形。由于在非饱和土的变形机制中仅骨架能产生塑性变形，而骨架的变形来自孔隙的减少，因此，在试样发生锁变现象后，试样中应仍含有少量气体。结合本章关于 30％含水率试样的轴向应力-应变曲线和侧压力系数时程曲线的试验结果，锁变现象中的砂土变形机制应如下所述：

在非饱和砂土动态压缩的初始阶段，由于气体的体积模量很小，因此，在达到锁变应变之前孔隙气压较小，不会对砂土的应力-应变曲线造成较大影响。当变形达到锁变应变时，试样将进入锁变现象的过渡阶段。在此阶段中，由于砂土孔隙的不均匀性以及渗流作用的影响，一部分孔隙水的压力将首先增大，这部分孔隙水所包裹的气体被迅速压缩至其体积可以忽略不计的程度。随着变形的增加，越来越多的孔隙开始承担荷载，表现为轴向应力-应变曲线的陡增。另外，原先主要由摩擦力保持的骨架结构由于孔隙水的作用变得不稳定，骨架中的剪应力将逐渐减小，表现为侧压力系数的迅速增大。在锁变现象的稳定阶段，砂土颗粒间的接触点因应力集中现象而发生局部塑性变形，从而减小了渗流通道的面积，且孔隙水的渗流速度有限，因此可以近似认为这部分孔隙处于完全封闭状态。在这部分孔隙内外将产生如图 2.34 所示的应力差，此即有效应

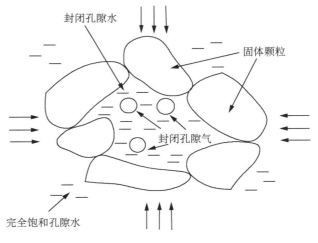

图 2.34 锁变现象中封闭孔隙示意图

力。由于土骨架处于受力状态,因此,稳定阶段中试样的侧压力系数并不等于 1。当试样由锁变现象的稳定阶段开始卸载时,由于土骨架的塑性变形无法恢复,故试样的变形主要来自孔隙水和固体颗粒的弹性卸载。此时试样的卸载模量应等于由式(2.14)得到的混合物的体积模量,计算结果为 5.19 GPa。由图 2.28 可得卸载初始阶段的模量约为 5.56 GPa,与计算结果基本一致。

综上所述,在锁变现象的稳定阶段,试样的主要变形机制包括孔隙水与固体颗粒的弹性压缩和土骨架的塑性压缩。而当试样从锁变现象的稳定阶段开始卸载时,试样的主要变形机制为孔隙水与固体颗粒的弹性卸载。

根据表 2.11 可知,在不同试验研究中,代表着锁变应变相对大小的 R 值相差较大。在忽略试验误差的基础上,可以通过对比不同试样的 R 值分析砂土特性对锁变应变的影响。在 Veyera 的研究中,Ottawa 砂与 Tyndall 砂的 R 值均约等于 0.84,而 Eglin 砂的 R 值仅约等于 0.5,这主要是因为 Eglin 砂的不均匀系数明显大于其他两种砂样。Luo[19] 所使用的 Quikrete 砂的试验结果也证明了当孔隙率相差不大时,R 值随不均匀系数的增大而减小。虽然 Barr 所使用的松散石英砂与 Luo 所使用的 Quikrete 砂具有近似相同的不均匀系数,但由于前者的初始孔隙比更大,因此其 R 值近似为 1。虽然珊瑚砂有着最高的不均匀系数,但由于其初始孔隙比极高,因此其 R 值也近似为 1。这意味着非饱和砂土的 R 值随试样初始孔隙比的增大和不均匀系数的减小而增大。

参考文献

[1] LYAKHOV G M. Determination of dynamic compressibility of soils[J]. Soil Mechanics and Foundation Engineering, 1966, 3(3): 159-164.

[2] HOPKINSON B. A method of measuring the pressure produced in the detonation of high explosives or by the impact of bullets[J]. Philosophical Transactions of the Royal Society of London, 1914, 213(612): 437-456.

[3] LYAKHOV G M, SALITSKAYA V I. Dissipation of blast waves and the dynamic compressibility of soils[J]. Combustion, Explosion and Shock Waves, 1983, 19(1): 90-93.

[4] HENRYCH J. The dynamics of explosion and its use[M]. Academia, 1979.

[5] SCHOFIELD A N. Mohr Coulomb error correction[J]. Ground Engineering, 1998: 29-32.

[6] TERZAGHI K. Theoretical soil mechanics[M]. New York: Wiley, 1943.

[7] SCHMERTMANN J H. An experimental study of the development of cohesion and friction with axial strain in saturated cohesive soils [microform][C]//Research Conference on Shear Strength of Cohesive Soils, ASCE, 2014.

[8] AN J. Soil behavior under blasting loading[D]. Nebraska: The University of Nebraska, 2010.

[9] AN J, TUAN C Y, CHEESEMAN B A, et al. Simulation of soil behavior under blast loading[J]. International Journal of Geomechanics, 2011, 11(4): 323-334.

[10] JIN Y, YIN Z, ZHANG D, et al. Unified modeling of the monotonic and cyclic behaviors of sand and clay[J]. Acta Mechanica Solida Sinica, 2015, 28(2): 111-132.

[11] 王礼立. 应力波基础[M]. 北京:国防工业出版社,1985.

[12] LOVE A E H. A treatise on the mathematical theory of elasticity[M]. Cambridge University Press，1906.

[13] 中华人民共和国住房和城乡建设部,国家市场监督管理总局. 土工试验方法标准:GB/T 50123—2019[S]. 北京:中国计划出版社,2019.

[14] 李广信. 土力学[M]. 北京:清华大学出版社,2013.

[15] SONG B，CHEN W，LUK V. Impact compressive response of dry sand[J]. Mechanics of Materials，2009，41(6)：777-785.

[16] MARTIN B E，KABIR M E，SONG B，et al. Compressive behavior of fine sand[R]. New Mexico：Sandia National Laboratories，2010.

[17] MARTIN B E，KABIR M E，CHEN W. Undrained high-pressure and high strain-rate response of dry sand under triaxial loading[J]. International Journal of Impact Engineering，2013，54：51-63.

[18] MARTIN B E，CHEN W，SONG B，et al. Moisture effects on the high strain-rate behavior of sand[J]. Mechanics of Materials，2009，41(6)：786-798.

[19] LUO H，LU H，COOPER W L，et al. Effect of mass density on the compressive behavior of dry sand under confinement at high strain rates[J]. Experimental Mechanics，2011，51(9)：1499-1510.

[20] LUO H，COOPER W L，LU H. Effects of particle size and moisture on the compressive behavior of dense Eglin sand under confinement at high strain rates[J]. International Journal of Impact Engineering，2014，65：40-55.

[21] LUO H，DU Y，HU Z，et al. High-strain rate compressive behavior of dry Mason sand under confinement[C]//Dynamic Behavior of Materials，Volume 1，Springer，2015：325-333.

[22] 胡时胜,唐志平,王礼立. 应变片技术在动态力学测量中的应用[J]. 实验力学,1987(2):75-84.

[23] SEMBLAT J，LUONG M P，GARY G. 3D-Hopkinson bar：new experiments for dynamic testing on soils[J]. Soils and Foundations，1999，39(1)：1-10.

[24] KABIR E. Dynamic behavior of granular materials[D]. Purdue：Purdue University，2010.

[25] VEYERA G E. Uniaxial stress-strain behavior of unsaturated soils at high strain rates[R]. Fort Belvoir，VA：Defense Technical Information Center，1994.

[26] 闻邦椿. 机械设计手册[M]. 北京:机械工业出版社,2010.

[27] FARR J V. Loading rate effects on the one-dimensional compressibility of four partially saturated soils[R]. Army Engineer Waterways Experiment Station Vicksburg MS Structures Lab，1986：373.

[28] 魏久淇,王明洋,邱艳宇,等. 钙质砂动态力学特性试验研究[J]. 振动与冲击,2018,37(24):7-12.

[29] 谢定义. 非饱和土土力学[M]. 北京:高等教育出版社,2015.

[30] WHITMAN R V. The response of soils to dynamic loadings：Report 26，final report[R]. Massachusetts Institute of Technology，Department of Civil Engineering，Cambridge，1970.

[31] MULILIS J P，ARULANANDAN K，MITCHELL J K，et al. Effects of sample preparation on sand liquefaction[J]. Journal of the Geotechnical Engineering Division，1977，103(2)：91-108.

[32] LADD R S. Specimen preparation and cyclic stability of sands[J]. Journal of Geotechnical and Geoenvironmental Engineering，1977，103(6)：535-547.

[33] JUANG C H，HOLTZ R D. Fabric，pore size distribution，and permeability of sandy soils[J].

Journal of Geotechnical Engineering，1986，112(9)：855-868.

[34] NIMMO J R，AKSTIN K C. Hydraulic conductivity of a sandy soil at low water content after compaction by various methods[J]. Soil Science Society of America Journal，1988，52(2)：303-310.

[35] PIERCE J，CHARLIE W A. High-intensity compressive stress wave propagation through unsaturated sands[R]. Fort Collins：Colorado State University，1990：144.

[36] BARR A D. Strain-rate effects in quartz sand[D]. Sheffield：University of Sheffield，2016.

[37] 张家铭,汪稔,石祥锋,等. 侧限条件下钙质砂压缩和破碎特性试验研究[J]. 岩石力学与工程学报，2005,24(18):3327-3327.

[38] FELICE C W. The response of soil to impulse loads using the Split Hopkinson Pressure Bar technique[R]. Air Force Weapons Lab Kirtland AFB NM，1986.

[39] BARR A D，CLARKE S D，TYAS A，et al. Effect of moisture content on high strain rate compressibility and particle breakage in loose sand[J]. Experimental Mechanics，2018，58(8)：1331-1334.

[40] BLOUIN S E，KWANG J K. Undrained compressibility of saturated soil[R]. Applied Research Associates，Inc.，New England Division，South Royalton VT，1984.

[41] AKERS S A. Two-dimensional finite element analysis of porous geomaterials at multikilobar stress levels[D]. Blacksburg：Virginia Tech，2001.

第3章

非饱和珊瑚砂爆炸效应

非饱和砂土的成分较复杂,为完整描述其物理力学特性需要很多参数,包括密度、相对密度、孔隙比和含水率等[1]。另外,在不同含水率下击实的试样具有明显不同的动力特性,在不同应力水平下砂土表现的力学特性也不同。因此,对于爆炸波在砂土内传播规律的计算方法仍处于发展阶段,目前试验研究仍是土中爆炸效应研究的重要手段。

本章重点介绍了松散珊瑚砂中平面波爆炸效应试验和不同含水率珊瑚砂中的集团装药爆炸效应试验,在试验研究的基础上,建立了非饱和珊瑚砂的数值计算模型。

3.1 平面爆炸波传播规律

与空气冲击波的速度相比,松散砂土中压缩波的速度要小 3～4 倍,因此,由空气冲击波引起的感生地冲击波可以近似看作平面波[2,3]。研究平面爆炸波在松散砂土中的传播衰减规律对工程中分配层的设计具有重要意义。

目前关于砂土中平面爆炸波传播的研究均是针对石英砂介质。与石英砂相比,珊瑚砂主要具有颗粒易破碎、可压缩性高等物理力学特性。本节介绍了干燥石英砂、干燥珊瑚砂以及 10% 含水率珊瑚砂的爆炸模型试验,主要研究了上述物理力学特性以及含水率对珊瑚砂中平面爆炸波传播规律的影响。此外还对爆炸试验所用试样进行了准静态一维压缩试验,以对比在静态与动态荷载作用下珊瑚砂压缩特性的变化。最后基于冲击波理论及塑性密实固体模型对干燥珊瑚砂及石英砂中平面爆炸波应力峰值的衰减规律进行了简化计算。

3.1.1 爆炸相似律

针对平面爆炸波传播规律的研究主要集中在爆炸波基本参数随传播距离的增加而发生的变化,基本参数主要包括法向应力峰值、波速、升压时间等。目前尚未提出在与爆心距离相当大的变化范围内这些基本参数的理论解,对这些参数变化规律的描述采用的仍是半理论半经验的关系式。

关系式的函数形式是借助爆炸相似律确定的,而有关常数则是根据试验结果定出来的。爆炸相似律可阐述如下:两个尺寸不同但化学成分相同的药包在任意形状介质的相同位置上爆炸时,两者的应力场和变形场在几何、时间和强度上均是相似的[32]。该理论的基本假设包括两点:一是介质对变形速率不敏感,二是介质中的非定常爆炸应力场和变形场只受爆炸能量的影响(不考虑重力和其他力的影响)。基于该理论,可以将爆炸模型的试验结果用于实际工程问题的预测。

爆炸相似律的函数形式可以通过量纲分析的方法得出[4]。在平面装药情况下,爆炸波在砂土中传播问题的主要控制参数如表 3.1 所示,爆炸波的法向应力 σ_1 应当是这些控制参数的函数,即有:

$$\sigma_1 = f(Q_w, \rho_w, E_w, \gamma, \rho_0, C_p, \varphi, h, R) \tag{3.1}$$

表 3.1　平面爆炸波传播问题中的主要控制参数

参数类别	参数名称及符号	量纲
炸药	单位面积炸药质量 Q_w	$[ML^{-2}]$
	装药密度 ρ_w	$[ML^{-3}]$
	单位质量炸药的化学能 E_w	$[L^2T^{-2}]$
	爆炸产物的膨胀指数 γ	—
砂土	密度 ρ_0	$[ML^{-3}]$
	塑性纵波波速 C_p	$[LT^{-1}]$
	内摩擦角 φ	—
试样尺寸	药包上部覆土高度 h	$[L]$
	测点与装药平面的距离 R	$[L]$

取单位面积装药量 Q_w、装药密度 ρ_w、单位质量炸药的化学能 E_w 为基本量,则式(3.1)可化为如下的无量纲关系:

$$\frac{\sigma_1}{\rho_w E_w} = f\left(\gamma, \frac{\rho_0}{\rho_w}, \frac{C_p}{\sqrt{E_w}}, \varphi, \frac{h}{Q_w/\rho_w}, \frac{R}{Q_w/\rho_w}\right) \tag{3.2}$$

对于采用相同种类的炸药及装药方式,在相同的珊瑚砂试样中进行炸药质量不同的爆炸试验,则有 6 个控制参数保持不变,即

$$(\rho_w, E_w, \gamma, \rho_0, C_p, \varphi) = const \tag{3.3}$$

爆炸波的法向应力峰值可表示为

$$(\sigma_1)_{max} = f(\bar{h}, \bar{R}) \tag{3.4}$$

其中,

$$\begin{cases} \bar{h} = h \cdot Q_w^{-1} \\ \bar{R} = R \cdot Q_w^{-1} \end{cases} \tag{3.5}$$

一般称 h, R 分别为平面装药情况下的比例埋深和比例距离。在炸药的装药密度不变的前提下,单位面积炸药量 Q_w 与平面的装药厚度成正比,因此,式(3.5)反映了爆炸相似律的本质是几何相似准则。若将 Q_w 取为 TNT(三硝基甲苯)当量,则可将经验公式应用于不同装药密度、装药类型和装药方式的情况中,已有试验结果证明了这种推广在距离药包较远位置处具有较高的准确度。

根据试验结果,萨道夫斯基建议式(3.4)取为如下的具体级数形式:

$$(\sigma_1)_{\max} = \sum_{i=1}^{n} K_i (\bar{R})^{-\mu_i} \tag{3.6}$$

式中,K_i,μ_i 为与材料性质及比例埋深有关的正常数。

式(3.6)描述了法向应力峰值随传播距离的增加而减小的特性,因此可以称为法向应力峰值的衰减公式。通常式(3.6)可以近似采用级数的第一项,则珊瑚砂中平面爆炸波法向应力峰值 $\sigma_{\max}$ 的衰减公式可表示为

$$\sigma_{\max} = K (\bar{R})^{-\mu} \tag{3.7}$$

式中,K 为应力衰减常数,代表着比例距离为"1"时介质中的应力峰值;μ 为应力衰减系数,代表着爆炸波应力峰值的衰减规律,μ 越大,则应力峰值衰减速率越快。

在关于砂土中平面爆炸波的研究[5]中发现,比例埋深的变化仅会引起应力衰减常数 K 的变化,而不会影响衰减系数 μ。即比例埋深仅会影响砂土介质中爆炸能量的耦合大小,而不会影响爆炸波的衰减规律。

3.1.2　试验设计

1. 试样的物性参数

图 3.1 所示为本章试验所用珊瑚砂(左)和石英砂(右)的对比照片。其中,珊瑚砂与 SHPB 试验中所用试样相同;石英砂试样的最大干密度为 1.58 g/cm³,最小干密度为 1.34 g/cm³,砂土颗粒比重为 2.65 g/cm³。珊瑚砂与石英砂级配曲线的对比如图 3.2 所示。

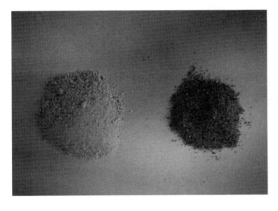

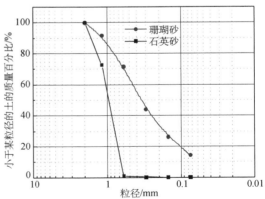

图 3.1　珊瑚砂与石英砂的对比照片　　　　图 3.2　珊瑚砂与石英砂的级配曲线

表 3.2 汇总了试验所用珊瑚砂及石英砂试样的物性参数,其中,试样的初始干密度是在爆炸模型试验的装样过程中通过分层取样的方法确定的。为便于描述,与前章相似,在本章中称 1%含水率的珊瑚砂为干燥珊瑚砂试样,10%含水率的珊瑚砂为潮湿珊瑚砂试样,0.5%含水率的石英砂称为干燥石英砂试样。

表 3.2　试样的物性参数

砂土类型	初始干密度 $\rho_0/(\text{g} \cdot \text{cm}^{-3})$	比重 $G_s/(\text{g} \cdot \text{cm}^{-3})$	初始孔隙比 e_0	相对密度 $D_r/\%$	含水率 $w/\%$
珊瑚砂	1.15 ± 0.03	2.81	1.47 ± 0.04	6	1
	1.20 ± 0.03		1.46 ± 0.04	7	10
石英砂	1.38 ± 0.04	2.65	0.72 ± 0.05	19	0.5

　　图 3.3 为本章试验所用石英砂及珊瑚砂的扫描电镜照片,可以发现,石英砂与珊瑚砂颗粒均属于多棱角不规则形状,但珊瑚砂颗粒内部含有大量内孔隙。

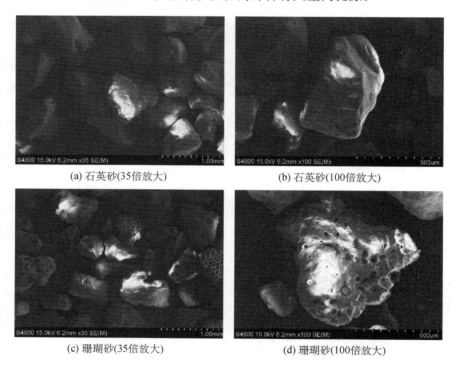

(a) 石英砂(35倍放大)　　　　　　　(b) 石英砂(100倍放大)

(c) 珊瑚砂(35倍放大)　　　　　　　(d) 珊瑚砂(100倍放大)

图 3.3　石英砂与珊瑚砂的扫描电镜照片

2. 平面爆炸波模型试验

1) 试验系统

　　平面爆炸波模型试验的试验系统主要包括五个部分:爆炸试验容器、覆土层、砂土试样、爆源及传感器,图 3.4(a)为试验系统的示意图。爆炸试验容器的主体结构是一个尺寸为 Φ530 mm×1 200 mm、厚度为 15 mm 的厚壁不锈钢圆筒,其侧壁上加工有若干用于辅助定位传感器的螺纹孔。容器内部由上至下分别为覆土层、爆源装药平面和砂土试样,并在砂土试样内部共布置了五层传感器。图 3.4(b)为装填完毕砂土试样、待布置爆源的容器照片。图 3.4(c)为同一层传感器的布置方式,包括一个中心传感器和两个边缘传感器。传感器通过紧绷的细钢丝绳定位,以保证其感压面与平面波的传播方向垂直。装样结束后放松钢丝绳,使传感器能与珊瑚砂协同运动,从而测得爆炸波在珊瑚砂中传播时的自由场应力。图 3.4(d)为传感器布置照片。为减小传感器对爆炸波自由场的扰动,相邻两层传感器采用交错布置的方式。

前期试验结果表明,若直接在空气中引爆导爆索,则其所产生的空气冲击波将激起不锈钢圆筒的自振,从而在砂土试样中产生较大的振动应力场,并对测试结果带来显著影响。因此在装药平面上部设置了一层覆土层,其作用在于既能减小空气冲击波的大小,又能增加耦合进砂土试样中的能量。覆土层介质与试验中的砂土试样相同,且高度均为 200 mm。

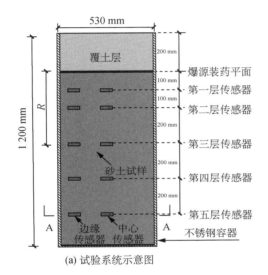

(a) 试验系统示意图

(b) 装填完毕砂土试样后的容器照片

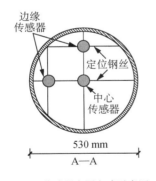

(c) 传感器布置方式示意图

(d) 传感器布置照片

图 3.4　平面爆炸波试验系统

2) 爆源

理想情况下应采用片状炸药的装药方式,才能在砂土试样中产生平面度较高的爆炸波。然而,由于片状炸药必须达到一定厚度才能完全爆轰,因此在这种装药方式下单位面积的装药量 Q_w 较大,根据估算,由其产生的爆炸波强度将远超过试验容器的承受能力。Lyakhov[6] 提出了一种在土壤中产生强度较低的平面爆炸波的方法,该方法采用平行布置的导爆索作为爆源,相应的原理如图 3.5 所示。由于在高应力水平下松散砂土的侧限压缩应力-应变曲线通常是递增应变硬化型的,因此,高幅值的应力波的传播速度将远大于低幅值扰动传播的速度,即其中的加载波是会聚波。由导爆索爆炸产生的柱面冲击波在距离装药平面 $d/2$ 的位置处叠加后,经过一段距离的传播将形成平面度较好的加载波。Vovk 等[7]通过试验研究指出,在距离装药平面 $1.5d \sim 2d$ 的位置处,由上述装药方式产生的爆炸波可视为平面波。

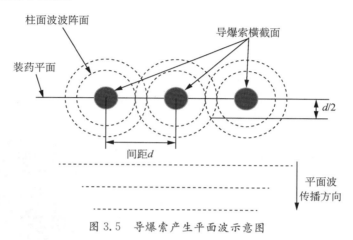

图 3.5 导爆索产生平面波示意图

试验所用导爆索的组分为黑索金,装药线密度为 10 g/m。导爆索内径为 3.6 mm,外径为 6 mm。每次试验所用导爆索长均为 3 m,按照总药量换算可得单位面积炸药量为 0.153 kg/m²,导爆索间距为 0.05 m。根据 Vovk 等的观点,平面波将在距离装药平面 0.1 m 以上的位置处形成。因此,传感器应在距离装药平面 0.1 m,0.2 m,0.4 m,0.6 m 和 0.8 m 处布置。

3)测试系统

在岩土的爆炸试验中,对爆炸自由场主要测量的变量包括粒子速度、加速度以及应力等[8]。由于土中的速度传感器尺寸较大,不适用于模型试验;加速度传感器的量程较小,只能用来测量强度较小的爆炸波。因此,采用土压力传感器作为测试手段。

(a) 土压力传感器   (b) 应变放大器   (c) 高速数据采集仪

图 3.6 试验用传感器及测试仪器

试验采用图 3.6(a)所示的高频压阻式土压力传感器测量爆炸波的法向应力时程曲线。传感器尺寸为 Φ30 mm×10 mm,固有频率大于 100 kHz,传感器灵敏度在出厂前经动态标定后获得,该传感器被广泛应用于土中爆炸波应力时程的测量[9,10]。采用应变放大器作为信号调理仪,试验中设置电桥桥压为 2 V,放大增益为 100。放大后的信号经由高速数据采集仪记录。图 3.6(b),(c)分别为试验所用的应变放大器和数据采集仪。

4）试验流程

试验前首先在圆筒内壁充分涂抹凡士林,并将一块与容器内壁表面积相同的塑料薄膜粘铺于其上,以减小边壁摩擦对爆炸波传播的影响。在距离容器轴线约 20 cm 位置处布置三个容积等于 50 cm³、壁上穿有尼龙绳的取土盒,然后由距离试样顶面约 100 cm 高度的位置处向容器内倒入砂土试样。待砂土试样高度接近最底部传感器层位置时,取出取土盒并称量内部砂土试样质量,即可确定试样的装样密度。之后将传感器上固定的钢丝绳由边壁螺纹孔上的定位螺栓穿出并固定,向外旋出定位螺栓至钢丝绳完全紧绷。此时传感器即定位完毕,可以重复上述装样、取样等步骤。

当试样表面高度达到装药平面时,将固定在硬纸板上的导爆索放置于试样顶面,然后继续填充砂土试样直至容器顶面。将传感器与动态应变仪、数据采集仪连接好后,即可准备爆炸试验。试验采用工业导爆管雷管进行起爆,对干燥珊瑚砂和干燥石英砂各进行 3 次重复试验,对潮湿珊瑚砂进行 1 次试验,相应的试验编号如表 3.3 所示。

表 3.3　平面爆炸波模型试验编号

试验号	砂土类型	含水率/%
WCS1		10
DCS1	珊瑚砂	1
DCS2		1
DCS3		1
DQS1		1
DQS2	石英砂	1
DQS3		1

3. 准静态一维压缩试验

采用电液伺服液压试验机对三种砂土试样进行了准静态加载试验,所得试验结果将用于与由平面爆炸波试验获得的动态压缩曲线作对比。准静态加载采用位移控制模式,加载速度为 1.8 mm/min。采用钢制套筒和垫块作为装样容器,其中套筒内径、厚度和高度分别为 100 mm,25 mm 和 50 mm,垫块直径和高度分别为 100 mm 和 60 mm。

首先按照爆炸试验中试样的密度,计算直径为 100 mm、厚度为 30 mm 试样的质量。然后按该质量称取砂土试样,并将其与垫块按照图 3.7(a)所示顺序放置于套筒内部。使用橡皮锤轻敲顶部垫块直至试样达到指定厚度,即可得到与爆炸试验中相同密度的试样。将装好试样的珊瑚砂安放于试验机上,调整支座水平后即可开始试验。图 3.7(b)为装好试样等待加载的试验容器。

按照试样高度及试验机液压支柱的速度计算可得,砂土试样在准静态一维压缩试验中的应变率为 10^{-3} s^{-1}。对干燥珊瑚砂、潮湿珊瑚砂和干燥石英砂试样均进行 3 次试验,取平均后即可得到试样在准静态加载条件下的应力-应变曲线。

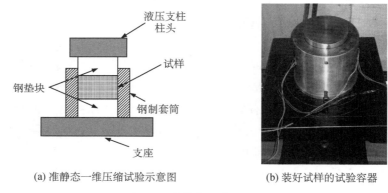

(a) 准静态一维压缩试验示意图　　　　(b) 装好试样的试验容器

图 3.7　准静态一维压缩试验

3.1.3　试验结果与分析

1. 爆炸波的平面性

图 3.8(a)—(c)分别为在干燥珊瑚砂、潮湿珊瑚砂和干燥石英砂的爆炸试验中,由各层中心传感器记录的法向应力时程曲线。从图中可以发现,爆炸波在传播过程中,其法向应力峰值随传播距离的增加而迅速衰减,同一测点位置处的法向应力随时间的增加而逐渐减小。

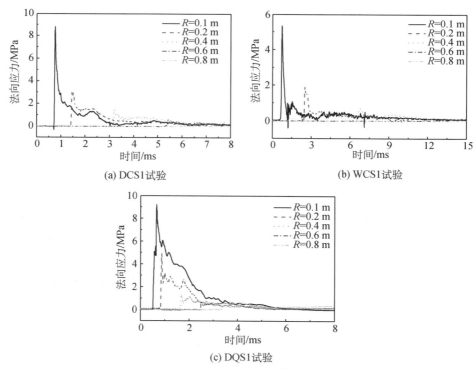

图 3.8　各层中心传感器记录的应力时程曲线

　　理想情况下,由同一层传感器记录到的应力时程曲线应完全一致。然而砂土的不均匀性、容器的边界效应以及导爆索起爆的时间差,都会对爆炸波的平面性造成影响,因此必须对试验结果进行分析以评价爆炸波的平面性。对爆炸波平面性的评价包括同一层传感器记录的应力大小和爆炸波波阵面的空间形状。

　　图 3.9(a)为 DCS1 试验中第一层传感器测得的应力时程曲线,可以发现,两个边缘传感器测得的应力时程曲线较为相似,且应力峰值相差小于 10%,但比中心传感器测得的应力小 30% 以上。这说明在该测点位置处,由柱面波叠加形成的应力波尚未转变为稳定的平面波。图 3.9(b)为 DCS1 试验中第二层传感器测得的应力时程曲线,该层的三个传感器测得的应力波的波形特征基本一致,且由中心传感器和边缘传感器测得的应力峰值之差不超过 15%。

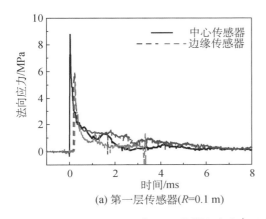

(a) 第一层传感器($R=0.1$ m)

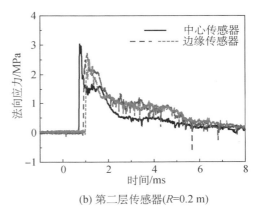

(b) 第二层传感器($R=0.2$ m)

图 3.9　DCS1 试验中不同层传感器测试结果对比

　　图 3.10 为 DCS1 试验中各测点的爆炸波到达时间统计图,可以发现,在后续的传播中,爆炸波到达同一层中三个测点的时间差基本保持稳定,该时间差小于 $300\ \mu s$。根据线性拟合可知,爆炸波在松散珊瑚砂中的传播速度约为 97 m/s,计算得到同一时刻爆炸波在边缘与中心的波阵面在传播方向上的距离差为 29 mm。根据波阵面在传播方向和水平方向的距离,利用反正切函数可以计算出爆炸波波阵面与水平面夹角为 $9.5°$,其近似形状如图 3.11 所示。

　　综上所述,当导爆索产生的爆炸波传至第二层传感器后才可将其近似看作平面波,该距离相当于 4 倍导爆索间距,这一距离与 Vovk 等和 Lyakhov 等所建议的 2 倍导爆索间距有

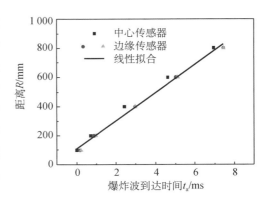

图 3.10　DCS1 试验各测点位置爆炸波的到达时间

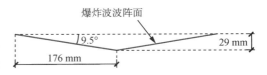

图 3.11　DCS 爆炸波波阵面示意图

较大差别。分析 Vovk 等[7]的试验结果可知,在距离装药平面较近位置处的同层传感器的应力峰值差别可达 50%,因此其对爆炸波的平面性要求较低。

　　由于边界效应的影响,中心传感器测得的应力峰值总是略大于边缘传感器测得的应力峰值,但两个位置处爆炸波的传播衰减规律基本一致,因此本章将对第二至五层中心传感器记录的数据进行分析。

2. 法向应力峰值的衰减规律

　　对式(3.7)两侧同时取对数可得:

$$\lg \sigma_{\max} = \lg K - \mu \lg \bar{R} \tag{3.8}$$

即法向应力峰值 $\sigma_{\max}$ 与比例距离在对数坐标系下呈线性关系。在对数坐标系下,μ 为拟合曲线的斜率,代表着随比例距离增加,应力衰减的速度,也即爆炸波应力峰值的衰减规律;$\lg K$ 为拟合曲线的截距,当 μ 相同时,K 代表着试样中应力的大小。由于 K 和 μ 为经验系数,因此需对应力及比例距离规定单位,本章中应力单位取为 MPa,比例距离单位取为 m^3/kg。

　　将试验数据按照式(3.8)进行拟合,即可得到在该比例距离范围内平面爆炸波的衰减规律。试验结果及拟合曲线如图 3.12 所示,相应的应力峰值衰减公式的参数如表 3.4 所示。

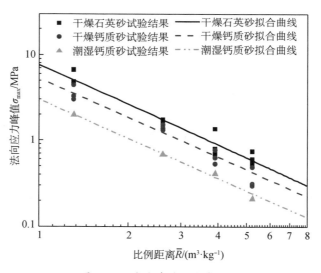

图 3.12　应力峰值的衰减规律

　　由图 3.12 可知,在相同比例距离下,试样中的应力峰值由大到小分别为干燥石英砂、干燥珊瑚砂和潮湿珊瑚砂,即这三种试样的衰减常数 K 按此顺序由大到小变化。虽然不同试样中应力峰值的大小有区别,但在对数坐标系下这三种试样的衰减曲线近似平行,即其衰减规律基本一致。由表 3.4 可知,干燥珊瑚砂、潮湿珊瑚砂和干燥石英砂的衰减系数 μ 分别为 1.52,1.51 和 1.53。在相同比例距离处,干燥珊瑚砂中爆炸波的应力峰值是潮湿石英砂中的 1.78 倍,是干燥石英砂中的 0.68 倍。

表 3.4　应力峰值衰减公式的参数值

试样名称	衰减常数 K	衰减系数 μ	拟合优度
干燥珊瑚砂	5.25	-1.52	0.962
潮湿珊瑚砂	2.95	-1.51	0.996
干燥石英砂	7.67	-1.53	0.941

3. 爆炸波的波速与升压时间

爆炸波在传播过程中,其特征时间主要包括到达时间 t_a 和峰值时间 t_p,其中,到达时间指扰动传播至测点的时间,峰值时间指法向应力最大值传播至测点的时间。图 3.13 为爆炸波典型应力时程曲线,在其中标注了该测点处的到达时间及峰值时间。与这两个特征时间相对应,爆炸波的波速包括扰动的传播速度 D_0 和应力峰值的传播速度 D_{max}。

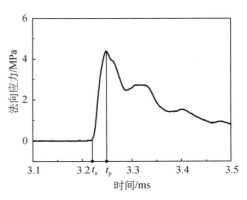

图 3.13　典型应力时程曲线

图 3.14(a),(b)分别汇总了在各次爆炸波试验中,爆炸波的到达时间 t_a 和峰值时间 t_p 与传感器位置的关系。按照式(3.9)分别对各次试验中的到达时间和峰值时间与传感器距离的关系进行拟合,拟合得到的参数汇总于表 3.5 中,相应的拟合曲线分别绘入图 3.14(a),(b)中。

$$R = at^2 + bt + c \tag{3.9}$$

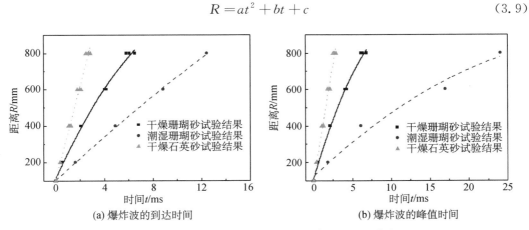

(a) 爆炸波的到达时间　　　　　　　　(b) 爆炸波的峰值时间

图 3.14　传感器位置与到达时间和峰值时间的关系

表 3.5　传感器位置与特征时间的拟合参数

试样名称	到达时间 t_a				峰值时间 t_p			
	a	b	c	拟合优度	a	b	c	拟合优度
干燥珊瑚砂	-5.60	144.99	112.49	0.997	-5.87	144.05	108.80	0.996
潮湿珊瑚砂	-0.412	60.90	102.26	0.999	-0.52	39.79	123.98	0.960
干燥石英砂	-1.68	261.64	101.60	0.992	-1.67	259.54	93.86	0.988

对式(3.9)求导后即可得到波速与时间的关系：

$$D = 2at + b \tag{3.10}$$

根据式(3.9)和式(3.10)，消去变量 t 即可得到波速 D 与距离 R 的关系。将距离 R 换算为比例距离后，可以得到波阵面传播速度 D_0 及应力峰值传播速度 D_{max} 与比例距离的关系，其结果如图 3.15 所示。

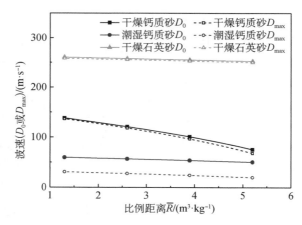

图 3.15　爆炸波波速与比例距离的关系

将两种波速的最大值与最小值汇总于表 3.6 中，其中 δ_D 由式(3.11)定义，代表着两种波速差值的相对大小。

$$\delta_D = \max\left(\frac{D_0 - D_{max}}{D_0}\right) \tag{3.11}$$

表 3.6　平面爆炸波波速统计值

试样名称	$D_0/(m \cdot s^{-1})$		$D_{max}/(m \cdot s^{-1})$		$\delta_D/\%$
	最小值	最大值	最小值	最大值	
干燥珊瑚砂	75	138	68	136	9.3
潮湿珊瑚砂	50	59	19	31	62
干燥石英砂	252	261	250	258	1.1

由图 3.15 及表 3.5 可知，在试验的比例距离范围内，所有试样的 D_0 值和 D_{max} 值均随比例距离的增加而减小，其中，干燥珊瑚砂的波速下降最为明显，珊瑚砂的波速显著小于石英砂。干燥石英砂的 D_0 值和 D_{max} 值基本相等，其 δ_D 值为 1.1%，说明爆炸波以冲击波的形式在其中传播。而潮湿珊瑚砂的 D_{max} 值明显小于 D_0 值，其 δ_D 值可达 62%，说明爆炸波以弹塑性连续波的形式在其中传播。对于干燥珊瑚砂，在比例距离为 1.3 m^3/kg 时，其 D_0 值约等于 D_{max} 值；随着比例距离的增加，其 D_{max} 值逐渐小于 D_0，说明在传播过程中爆炸波逐渐由冲击波转变为弹塑性连续波。

爆炸波的升压时间 t_r 指测点处的应力由初始值上升至最大值所需的时间，该时间对

受爆炸波作用的结构的动力响应具有重要影响。t_r 可以根据到达时间和峰值时间的差值计算:

$$t_r = t_a - t_p \tag{3.12}$$

根据式(3.12)可以计算各试验中不同测点处爆炸波的升压时间,将结果汇总于图 3.16 中,可以发现,爆炸波的升压时间均随比例距离的增加而增加。其中,干燥珊瑚砂中爆炸波升压时间由 27 μs 增至 325 μs,潮湿珊瑚砂由 241 μs 增至 $1.16×10^4$ μs,干燥石英砂由 35 μs 增至 54 μs。

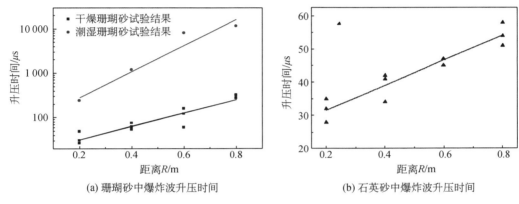

(a) 珊瑚砂中爆炸波升压时间　　　　(b) 石英砂中爆炸波升压时间

图 3.16　平面爆炸波升压时间

由图 3.16(a)可知,珊瑚砂中爆炸波升压时间的对数值与爆心距之间呈线性关系,即式(3.13);根据图 3.16(b),石英砂中爆炸波的升压时间与爆心距满足线性关系,即式(3.14)。因此,平面爆炸波升压时间在珊瑚砂中的增加速度明显快于在石英砂中的增加速度。

$$\lg t_r = a_r + b_r \bar{R} \tag{3.13}$$

$$t_r = a_r + b_r \bar{R} \tag{3.14}$$

将珊瑚砂和石英砂中平面爆炸波的升压时间分别按式(3.13)和式(3.14)拟合后,相应拟合参数列入表 3.7。

表 3.7　爆炸波升压时间与爆心距关系参数值

试样名称	函数形式	a_r	b_r	拟合优度
干燥珊瑚砂	式(3.13)	1.209	1.496	0.873
潮湿珊瑚砂	式(3.13)	1.885	2.947	0.914
干燥石英砂	式(3.14)	24.0	37.7	0.894

4. 静力压缩曲线与动力压缩曲线对比

由于松散珊瑚砂波阻抗极低,因此无法使用 SHPB 装置获得其应力-应变曲线。平面爆炸波模型试验提供了一种获得松散珊瑚砂动态压缩特性的方法。根据分析可知,在试验的应力范围内,爆炸波在干燥珊瑚砂、干燥石英砂中主要以冲击波的形式传播,因此可以根据冲击波理论确定这两种试样的一维动力压缩曲线。

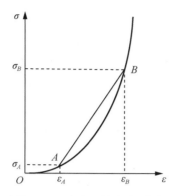

图 3.17　砂土一维应力-应变
关系及激波弦

当平面波在介质中传播时,介质处于一维应变状态。由干燥珊瑚砂的 SHPB 试验结果可知,珊瑚砂的一维压缩应力-应变曲线呈现如图 3.17 所示的递增硬化特征。因此,塑性冲击波波速由连接冲击波初始状态点 A 和终态点 B 的激波弦 AB 的斜率所决定[8],即砂土中的冲击波波速 D 为

$$D = \sqrt{\frac{1}{\rho_0} \cdot \frac{[\sigma]}{[\varepsilon]}} \tag{3.15}$$

式中,$[\sigma]$ 为冲击波波阵面前后的应力差;$[\varepsilon]$ 为冲击波波阵面前后的应变差。

本章试验中容器总高为 1.2 m,则试样中的自重应力不超过 18 kPa。由于试样中的初始自重应力与试验中爆炸波的应力相比可以忽略不计,因此可以认为冲击波波阵面前的应力和应变均为零。根据式(3.15),试样的峰值应变 ε_{max} 可以通过下式计算得出:

$$\varepsilon_{max} = \frac{\sigma_{max}}{\rho_0 D^2} \tag{3.16}$$

根据各试验中不同测点的试验结果,按照式(3.16)可以得到应力-应变坐标系中的一系列离散点,这些离散点通常称为"冲击点"。将这些离散点汇总于图 3.18 中,根据各点的应变及相应的升压时间计算可得:对于珊瑚砂,这些"冲击点"对应的应变率为 150~6 600 s^{-1};对于石英砂,这些"冲击点"对应的应变率为 185~1 700 s^{-1}。由 SHPB 试验结果可知,当应变率在 242~1 394 s^{-1} 范围内变化时,珊瑚砂的准一维应变压缩曲线无明显率效应。若将此结论推广为:当应变率量级在 10^2~10^3 s^{-1} 范围内时,珊瑚砂的准一维应变压缩特性无明显率效应,则可将这些"冲击点"按照一定的函数形式进行拟合,并称其为一维动力压缩曲线。对于砂土,可采用幂函数对其一维压缩曲线进行拟合[9]。

对于干燥珊瑚砂,拟合结果为

$$\sigma = 79.77\varepsilon^{1.65} \tag{3.17}$$

对于干燥石英砂,拟合结果为

$$\sigma = 93.64\varepsilon \tag{3.18}$$

图 3.18 总结了由平面爆炸波模型试验获得的干燥珊瑚砂和干燥石英砂的动力压缩曲线,以及由准静态压缩试验得到的所有试样的静力压缩曲线。从图中可以发现,在动力荷载作用下干燥珊瑚砂的可压缩性比静力荷载作用下低,而对于干燥石英砂,在两种加载情况下其可压缩性几乎没有区别。

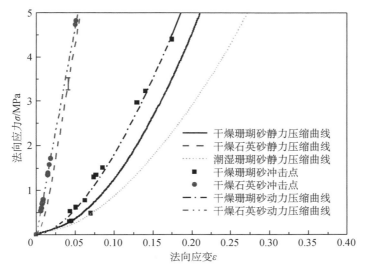

图 3.18　砂土动力压缩曲线与静力压缩曲线对比

将压缩曲线与法向峰值应力的衰减公式对比可知,砂土应力峰值的衰减常数随着试样可压缩性的提高而减小。

3.1.4　干燥砂土中平面爆炸波应力峰值衰减计算

对于松散砂土,其主要变形机制为自由孔隙的不可逆压缩,因此可以使用塑性密实固体模型进行计算。该模型假定砂土在加载时服从动力压缩曲线,而卸载时其密度保持不变,即

$$\frac{\partial \rho}{\partial t}=0 \tag{3.19}$$

在本章模型试验的压力范围内,平面爆炸波主要以冲击波的形式在干燥珊瑚砂和干燥石英砂中传播,因此可以采用冲击波理论对其应力衰减规律进行简化计算。

冲击波波阵面前后的质量守恒和动量守恒公式分别为[10]

$$\rho_0 D = \rho(D-\dot{u})$$
$$\sigma_s - \sigma_a = \rho_0 D \dot{u} \tag{3.20}$$

式中,ρ_0 和 ρ 分别为砂土的初始密度和瞬时密度;$\dot{u}$ 为粒子速度;σ_a 为大气压力;σ_s 为冲击波波阵面上的应力,其与介质应变的关系为

$$\sigma_s = \Phi(\varepsilon_s) \tag{3.21}$$

对于干燥珊瑚砂和干燥石英砂,式(3.21)分别取为式(3.17)和式(3.18)。

介质应变为

$$\varepsilon_s = 1 - \frac{\rho_0}{\rho} \tag{3.22}$$

在冲击波波阵面后的连续运动区域,介质的密度仅是其空间坐标的函数,与时间无关,则在拉格朗日坐标系中,平面波的运动方程和连续方程可简化为[1]

$$\rho_0 \frac{\partial^2 u}{\partial t^2} = \frac{\partial \sigma_R}{\partial R} \tag{3.23}$$

$$\frac{\partial (R+u)}{\partial R} = \frac{\rho_0}{\rho} \tag{3.24}$$

式中,R 为介质的拉格朗日坐标;t 为时间;u 和 σ_R 分别为平行于波传播方向的位移和法向应力。

由于试验中覆土层厚度较小,因而爆炸波并不是关于装药面对称的,覆土层的自由面将会影响耦合进砂土中的能量。另外,由于缺少砂土在高幅值应力作用下的应力-应变关系,因此无法从炸药-砂土界面处开始计算。考虑到这两个原因,本节的计算区间将选取为 $R > R_1$ 的范围,其中 R_1 为第二层传感器的拉格朗日坐标(第一层数据被舍弃)。若定义 $R_1 = 0$,则爆炸波传播的初始边界条件分别为

$$\begin{cases} r \geqslant 0, \ t < 0: u = 0, \ \dfrac{\partial u}{\partial R} = 0, \ \dfrac{\partial u}{\partial t} = 0, \ \sigma_R = \sigma_a \\ R = 0, \ t > 0: \sigma_R = \sigma_0(t) + \sigma_a \end{cases} \tag{3.25}$$

式中,$\sigma_0(t)$ 为 $R = 0$ 处传感器记录的应力时程曲线。将实测的应力时程曲线按下式进行拟合:

$$\sigma_0(t) = \sigma_{\max} e^{-\beta t} \tag{3.26}$$

拟合结果:对于石英砂,$\sigma_{\max} = 5.0$,$\beta = 2\,200$;对于珊瑚砂,$\sigma_{\max} = 3.5$,$\beta = 1\,000$。

将式(3.23)和式(3.24)两侧同时对坐标 R 积分,使用边界条件式(3.25)可得:

$$\sigma_R = \rho_0 \int_0^R \frac{\partial^2 u}{\partial t^2} \mathrm{d}R + \sigma_0(t) + \sigma_a \tag{3.27}$$

$$R + u = \int_0^R \frac{\rho_0}{\rho} \mathrm{d}R + u_0(t) \tag{3.28}$$

式中,$u_0(t)$ 为坐标 $R = 0$ 处的位移。

根据式(3.27)可得到波阵面上的法向应力为

$$\sigma_s = \rho_0 \int_0^{R_s} \frac{\partial^2 u}{\partial t^2} \mathrm{d}h + \sigma_0(t) + \sigma_a \tag{3.29}$$

将式(3.28)对时间 t 求二阶导数,可以得到:

$$\frac{\partial u}{\partial t} = \dot{u}_0(t), \ \frac{\partial^2 u}{\partial t^2} = \ddot{u}_0(t) \tag{3.30}$$

式中，$\dot{u}_0$ 和 $\ddot{u}_0$ 分为坐标 $R=0$ 处介质的粒子速度与加速度。

在冲击波波阵面后的连续运动区域内式(3.30)均成立，因此式(3.29)可以写作：

$$\sigma_s - \sigma_0(t) - \sigma_a = \rho_0 R_s \ddot{u}_0(t) \tag{3.31}$$

由于冲击波波阵面上的位移为 0，故波阵面的坐标 h_s 可根据式(3.28)得出：

$$R_s = \int_0^{R_s} \frac{\rho_0}{\rho} \mathrm{d}h + u_0(t) \tag{3.32}$$

对式(3.32)两侧同时求导，则冲击波速度为

$$D = \frac{\mathrm{d}R_s}{\mathrm{d}t} = \frac{\dot{u}_0(t)}{1 - \frac{\rho_0}{\rho}} \tag{3.33}$$

式(3.20)—式(3.22)以及式(3.30)—式(3.33)共同构成了求解平面冲击波在砂土介质中传播问题的方程组。该方程组可使用离散时间的方法进行数值计算，计算结果如图3.19 所示，可以发现，在一定应力水平范围内(0.8~5 MPa)，计算结果与试验结果吻合较好，但在应力水平较低的情况下，计算结果比试验结果小。这是因为在低应力下冲击波趋向于转变为连续波，这说明该计算模型会高估爆炸波的衰减程度。

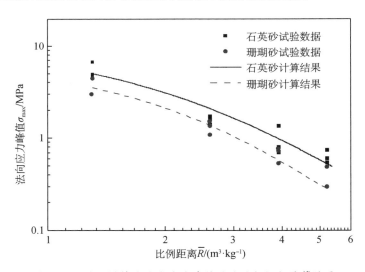

图 3.19 平面爆炸波法向应力峰值的试验数据与计算结果

3.2 集团装药爆炸效应的模型试验

在实际海洋岛礁工程中，为提高珊瑚砂地基的承载力及抗液化能力等，通常需要对其进行夯实处理[11]。密实珊瑚砂中的爆炸模型试验，既可以为工程实践提供简便的经验公式，同时所获试验数据还可用于验证珊瑚砂本构模型及相应计算参数的准确性。

爆炸模型试验的理论基础是爆炸相似律,试验结果的误差来源包括试样不均匀性、药包与传感器的定位和边界反射效应等,进行大尺寸的模型试验可以相对减小这些不确定因素对试验结果的影响。

集团装药在砂土中起爆后将产生爆炸地冲击波,在埋深较小的情况下还会产生爆炸成坑效应等。本节将介绍以球形药包为爆源在密实珊瑚砂中进行的一系列大尺寸爆炸模型试验,总结集团装药情况下珊瑚砂中的基本爆炸效应,研究在不同含水率和埋深条件下密实珊瑚砂中的爆炸地冲击波的传播衰减规律及其引起的颗粒破碎效应。

3.2.1　试验设计

1. 集团装药爆炸相似律

在平面爆炸波模型试验中,炸药的控制参数包括单位面积炸药质量 Q_w、装药密度 ρ_w、单位质量炸药的化学能 E_w 和爆炸产物的膨胀指数 γ,在集团装药情况下仅需将单位面积炸药质量 Q_w 更换为药包总质量 W 即可。砂土材料的控制参数与平面爆炸波量纲分析中的控制参数相同。

与平面爆炸波相比,集团药包产生的爆炸波在传播过程中,其波阵面面积会持续增加,因此衰减速率更快。边界反射波对大多数测点处爆炸波卸载段波形的影响较小,因此可以研究爆炸波比冲量的衰减规律。比冲量定义为单位面积上爆炸波冲量的大小,可根据式(3.34)计算得出,其量纲为 $[ML^{-1}T^{-1}]$。

$$I = \int_0^\infty \sigma_r(t)\mathrm{d}t \tag{3.34}$$

式中,$\sigma_r(t)$ 表示爆炸波的法向应力,即爆炸波传播方向上的正应力。

按照与平面爆炸波模型试验量纲分析相同的方法,可以得出在集团装药情况下,爆炸波法向应力峰值和比冲量的衰减规律满足下式:

$$\begin{cases} (\sigma_r)_{\max} = f(R^*, h^*) \\ I^* = g(R^*, h^*) \end{cases} \tag{3.35}$$

式中,R^* 为比例爆心距离;h^* 为药包比例埋深;I^* 为折合比冲量。相应的计算公式分别为

$$\begin{cases} R^* = \dfrac{R}{\sqrt[3]{W}} \\[2mm] h^* = \dfrac{h}{\sqrt[3]{W}} \\[2mm] I^* = \dfrac{I}{\sqrt[3]{W}} \end{cases} \tag{3.36}$$

式中,R 为测点到爆心的距离,通常称之为爆心距;h 为药包中心上部覆土高度;W 为药包质量;f 和 g 通常取为幂函数的形式,其参数由模型试验得出。

2. 爆炸试验容器

由于在集团装药的爆炸试验中容器边壁将承受较大荷载,因此设计加工了如图 3.20 所示的拼装式筒体结构作为试验容器。

拼装单元包括两片法兰盘和一个圆环,均由 Q345 钢板经弯、卷、焊等工序加工而成。其中,圆环外径为 2 000 mm,壁厚为 15 mm,其高度具有 100 mm,200 mm 和 500 mm 三种尺寸;法兰盘宽度为 75 mm,厚度为 16 mm,其上均匀加工有 24 个 Φ16 mm 的通孔。为提高法兰与圆环的连接强度,在圆环侧面设置了 12 道加劲肋板。法兰盘起到提高容器径向刚度和连接拼装单元的作用,并通过强

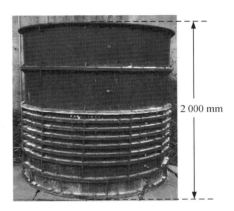

图 3.20　集团装药爆炸试验容器

度为 8.8 级的 M14 螺栓连接。按照薄壁圆筒公式计算,容器最大可承受内壁上强度为 5.2 MPa 的均匀荷载。另外,每一层拼装单元均加工有螺纹孔,以方便传感器导线由容器侧壁引出。

3. 球形药包

国内关于砂土中爆炸效应的试验研究所使用的爆源主要包括雷管[12]、导爆索、乳化炸药[13] 和块装 TNT[14, 15]。当爆心距较大时,这些爆源可以近似视为点源。然而在爆心距较小的位置,炸药类型、装药密度以及炸药形状均会对试验结果带来较大的影响。Krauthammer[16] 特别强调需要慎重使用由非球形爆源试验所获得的爆炸近区数据。基于上述分析,应采用球形药包作为爆源以研究在较大爆心距范围内珊瑚砂中爆炸冲击波的传播规律。

图 3.21(a)为试验所用球形药包的示意图,药包由上下两个部分粘贴而成。每部分均由散装 TNT 压装而成,压药密度为 1.5 g/cm³。其中,药包的下半部为完整半球,上半部预留有直径为 8 mm 的雷管安装孔。两个半球由虫胶粘接而成,虫胶厚度小于 0.1 mm。试验所用球形药包具有三种规格,其名义质量分别为 64 g,216 g,512 g,相应的直径分别为 43.6 mm,65.2 mm,87.0 mm。由于在药包的脱模过程中,雷管安装孔附近会有少量炸药脱落,因此在每次试验前都需要称量药包的实际质量。图 3.21(b)为尚未粘接的 216 g 和 512 g 药包,图 3.21(c)为粘接好的 64 g 球形药包。由于药球的压装密度低于铸装 TNT 密度(一般为 1.6 g/cm³),因此其感度较高并可以直接使用电雷管起爆。

4. 测试系统

在集团装药爆炸模型试验中,仍采用高频压阻式土压力传感器测量不同测点处爆炸波法向应力的时程曲线。图 3.22 所示为试验所采用的土压力传感器:左侧为 CYG1712F

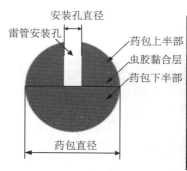

(a) 球形药包示意图

(b) 未粘接的216 g与
512 g半球药包

(c) 粘接好的64 g球形药包

图 3.21　球形药包

型土压力传感器,其尺寸为 Φ30 mm×16 mm;右侧为 DNS-TY 型土压力传感器,其尺寸为 Φ40 mm×10 mm。

传感器输出的模拟信号由高性能动态信号测试系统(图 3.23)调理并采集。测试采用连续采集模式,采样率为 1 M/s。

图 3.22　试验所用土压力传感器

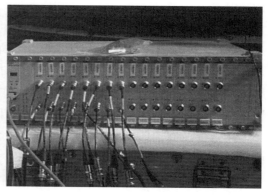

图 3.23　高性能动态信号测试系统

图 3.24 为药包及传感器位置示意图。药包位于容器的几何中心,在试样制备过程中预留装药孔,待试样准备完毕后将捆绑好电雷管的药包放入装药孔并回填。考虑到砂土的不均匀性,在每层测试平面均布置 2～3 个传感器。传感器中心之间的距离设置为 6 cm,以减小对砂土自由场的扰动程度。每个测试层的中心传感器均位于药包正下方。由于第一层测点距离爆心较近,因此只能设置一个中心传感器。图中距离 R 为药包中心到传感器中心的距离,即测点的爆心距;药包埋深 h 为药包中心以上覆土高度。安装平面指传感器底面所在平面,在布置传感器时需要使用此平面对传感器进行定位;测试平面指传感器顶面(也即敏感元件)所在平面。试验中容器将被拆分为上下两部分,以便进行夯实、取样和安装传感器等操作。

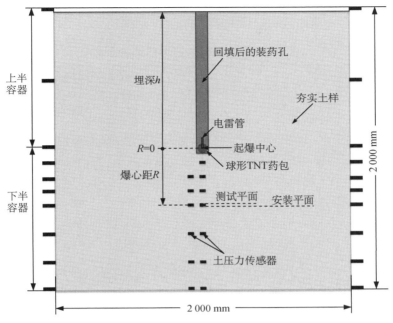

图 3.24　药包及传感器位置示意图

5. 试验流程

本章共进行 8 发爆炸试验,组成了三种埋深、三种药包质量以及四种含水率的对照试验,各试验的设计参数如表 3.8 所示。在试验编号中,"DCS"代表干燥珊瑚砂,"WCS"代表潮湿珊瑚砂;"64""216"和"512"代表药包设计质量。为提高法向应力测试结果的信噪比,需预先对测点的应力峰值进行估计,以合理设置每层传感器的量程。然而目前尚未有文献给出珊瑚砂中爆炸波的试验数据,因此在试验设计中采用 Lyakhov[17] 关于非饱和石英砂中爆炸波的试验结果对各测点处的应力幅值进行预估,具体参数如表 1.4 所示。由于当容器装满珊瑚砂试样后难以进行夯实操作,因此试验中最大设计埋深为 0.9 m,即略小于容器上半层的高度。

表 3.8　集团装药试验设计表

试验编号	药包设计质量 W/g	设计埋深 h/m	设计含水率 /%	测试层设计位置 R/m
DCS64-1	64	0.9	1	0.1/0.2/0.3/0.4/0.6/0.8/1
DCS64-2	64	0.3	1	0.1/0.2/0.3/0.4/0.6/0.8/1
DCS64-3	64	0	1	0.1/0.2/0.3/0.4/0.6/0.8/1
DCS216	216	0	1	0.15/0.2/0.3/0.45/0.6/0.8/1
DCS512	512	0	1	0.2/0.3/0.4/0.6/0.8/1
WCS64-1	64	0.9	10	0.15/0.2/0.3/0.4/0.6/0.8/1
WCS64-2	64	0.9	20	0.1/0.2/0.3/0.4/0.6/0.8/1
WCS64-3	64	0.9	25	0.1/0.2/0.3/0.4/0.6/0.8/1

6. 实测试验参数汇总

表3.9汇总了各次集团装药爆炸模型试验的实际参数。

表3.9　实测集团装药爆炸试验参数

试验编号	药包质量/g	试样含水率/%	药包埋深/m	试样密度/(g·cm⁻³) 总质量除以总体积法	环刀取样法	环刀取土钻取样法
DCS64-1	63.6	0.7±0.5	0.90	1.37	1.35±0.02	—
DCS64-2	63.1	1.5±0.4	0.31	1.39	1.36±0.04	—
DCS64-3	63.3	1.9±0.5	0	1.38	1.36±0.02	—
DCS216	214.2	2.1±0.5	0	1.39	1.37±0.03	—
DCS512	510.2	2.0±0.3	0	1.38	1.37±0.02	—
WCS64-1	62.8	10.5±0.7	0.89	1.54	1.51±0.04	1.54±0.04
WCS64-2	63.3	18.9±1.5	0.92	1.59	1.55±0.07	1.58±0.06
WCS64-3	63.1	23.7±2.2	0.91	1.80	1.76±0.06	1.81±0.04

由表3.9可知，虽然砂土被放置于防雨砂箱之中，但由于天气影响，空气湿度较大，因此，干燥珊瑚砂试样的含水率随着试验的进行略有提高。

使用环刀取土钻取样法测得的密度与使用总质量除以总体积法测得的密度差别不大，但均比环刀取样法测得的密度大0.02～0.04 g/cm³，这是因为在使用环刀取样后进行的夯击会略微增大已取样砂土层中试样的密度。

考虑到起爆所用电雷管折合TNT当量为1 g，试样中的实际炸药质量与设计药包质量相差不超过1%。另外，药包的埋深与设计值相差不超过3%，因此在分析计算中对于药包质量和埋深仍采用设计值。

3.2.2　集团装药下非饱和珊瑚砂中的爆炸效应

1. 爆炸成坑效应

图3.25(a)—(f)分别为药包埋深为0.9 m，0.3 m和0 m时，在爆炸试验前后试样的表面状态。由图3.25(a)，(b)可知，当药包埋深为0.9 m时，试验结束后试件表面没有任何明显变化；由图3.25(c)，(d)可知，当药包埋深为0.3 m时，在爆心上方的试样被抛掷出去并形成爆破漏斗；由图3.25(e)，(f)可知，当药包埋深为0 m时，试件表面将出现一深度较小、半径较大的爆炸坑。这三种药包埋深条件下对应的爆炸类型分别为封闭爆炸、浅埋爆炸和触地爆炸。

图3.26所示为DCS64-2试验中形成的漏斗坑尺寸，其宽度为80 cm，深度为27 cm。试样表面布满了黑灰色的爆轰产物，说明爆腔上部的砂土被完全抛散出去，这种爆坑一般称为完全漏斗坑[18]。

触地爆炸中产生的爆炸坑可分为图3.27(a)所示的大、小两部分，其中，大坑是由空气冲击波推动砂土表面形成的，而小坑则是由爆炸波直接压缩珊瑚砂产生的。大坑直径

(a) DCS64-1试验前试样表面状态
(药包埋深 0.9 m)

(b) DCS64-1试验后试样表面状态
(药包埋深 0.9 m)

(c) DCS64-2试验前试样表面状态
(药包埋深 0.3 m)

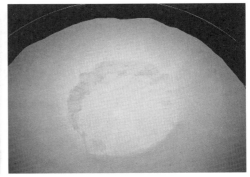

(d) DCS64-2试验后试样表面状态
(药包埋深 0.3 m)

(e) DCS512试验前试样表面状态
(药包埋深 0 m)

(f) DCS512试验后试样表面状态
(药包埋深 0 m)

图 3.25　试验前后试样表面状态变化

不具有明显的规律性,因而不再讨论。表 3.10 汇总了三发触地爆炸试验中小坑的尺寸,由于球形药包的对称性,其所形成爆炸坑的深度和半径基本一致,且大致为药包半径的 3.1 倍。

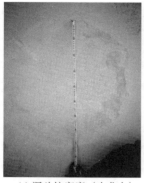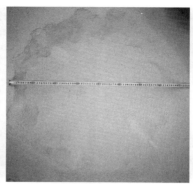

(a) 漏斗坑宽度（南北向）　　　(b) 漏斗坑宽度（东西向）　　　(c) 漏斗坑深度

图 3.26　DCS64-2 试验中漏斗坑的尺寸

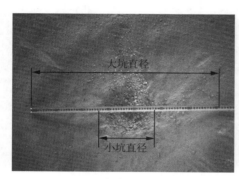

(a) 爆炸坑直径　　　　　　　　　(b) 爆炸坑深度

图 3.27　DCS216 试验中爆炸坑尺寸

表 3.10　触地爆炸中爆炸坑尺寸统计

试验编号	药包半径 r_w/cm	爆炸坑深度 h_p/cm	h_p/r_w	爆炸坑半径 r_p/cm	r_p/r_w
DCS64-3	2.18	6.9	3.2	6.5	3.0
DCS216	3.26	10.5	3.2	10.5	3.2
DCS512	4.35	13.4	3.1	13	3.0

2. 药包附近试样的压实效应

如图 3.28 所示，无论是在封闭爆炸还是在触地爆炸试验中，在药包附近均发现大量的压实块。压实块的强度较低，使用手指即可将其中较大压实块捏碎。在关于石英砂的爆炸试验研究中未曾发现这一现象，在本章对松散珊瑚砂的爆炸试验中也未发现有压实块产生，因此该现象的产生机理应是：由于珊瑚砂的主要矿物组分（文石、方解石）的强度、硬度及热稳定性均远低于石英砂，且在密实状态下砂土颗粒组成较为紧凑的结构，因此在爆炸近区的高温高压作用下，土颗粒之间被强烈地压缩并相互咬合，进而形成了具有固定形状的压实块。

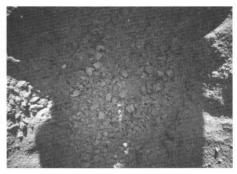

(a) 封闭爆炸试验中产生的压实块　　　　(b) 触地爆炸试验中产生的压实块

图 3.28　药包附近产生的压实块

压实块的密度可用于估计爆炸近区试样的压实程度。本章参照《土工试验方法标准》（GB/T 50123—2019）[19]中对易破碎土密度的测定方法，使用蜡封法测量了压实块的密度。考虑到蜡封法的精度受试样体积大小的影响，因此选取压实块中体积较大的试样进行测量。

压实块密度测量的流程如图 3.29 所示。首先，将烘干后的压实块试样系上细线，使用精度为 0.01 g 的电子秤称量试样质量 m_0。其次，将盛放有石蜡块的容器放入恒温水浴锅中，水浴温度设定为 60 ℃（试验所用石蜡熔点为 58 ℃）。待石蜡完全熔化后，持线将试样缓缓浸入蜡液中，浸没后立即提出。由于蜡液温度仅稍高于石蜡熔点，因此试样上将迅速形成一层蜡膜。若蜡膜上有明显气泡，则用针将其刺破，再用蜡液补平。待蜡封试样完全冷却后，使用电子秤称量其总质量 m_n。最后，将蜡封试样上的细绳挂在置于电子秤之上的支架上，试样则浸没于纯水之中，读取此时电子秤的读数，并记为 m_{nw}。压实块试样的密度 ρ_0 按下式计算：

$$\rho_0 = \frac{m_0}{\dfrac{m_n - m_{nw}}{\rho_w} - \dfrac{m_n - m_0}{\rho_n}} \tag{3.37}$$

式中，ρ_w 为水的密度，取为 1 g/cm^3；ρ_n 为石蜡密度，取为 0.9 g/cm^3。

(a) 称量压实块质量　　　(b) 称量压实块和石蜡总质量　　　(c) 称量水中压实的质量

图 3.29　压实块密度的测量

　　由于蜡封法仅适用于质量较大的压实块,而对于其余大量小块压实块,尚未找到有效的试验方法测量其密度,因此获得的关于压实块密度的试验数据较少。

　　表 3.11 汇总了所有试验中质量大于 20 g 的压实块密度测量结果。在药包质量为 64 g 的触地爆试验(DCS64-3)中,虽然产生了大量压实块,但质量均较小。在含水率为 20% 和 25% 的试验(WCS64-2 和 WCS64-3)中,也未收集到任何完整的压实块,这是因为在土骨架被压缩至形成压实块之前,试样即达到了饱和,此后土骨架的压缩变形趋势将显著减弱。

表 3.11　爆炸近区压实块密度统计

试验编号	密度/(g · cm^{-3})			
	试样 1	试样 2	试样 3	平均
DCS64-1	1.89	1.78	2.03	1.90
DCS64-2	2.17	1.79	1.87	1.94
DCS64-3	—	—	—	—
DCS216	2.15	2.09	—	2.12
DCS512	2.24	2.28	—	2.26
WCS64-1	1.87	1.91	1.76	1.85
WCS64-2	—	—	—	—
WCS64-3	—	—	—	—

3. 爆炸波作用下珊瑚砂的颗粒破碎效应

1) 颗粒破碎的范围

　　珊瑚砂的主要成分为碳酸钙,包括文石和方解石,这两种矿物无论是莫氏硬度还是抗压强度,均远低于石英砂的组成矿物,因此在强荷载用下的颗粒破碎现象十分显著。国内外针对珊瑚砂破碎现象的研究大多集中在低应变率下[20-23],目前尚无关于高应变率荷载下,尤其是在爆炸荷载作用下珊瑚砂颗粒破碎效应的研究。

　　在本章的爆炸效应试验中,由于试件尺寸较大,因此可回收到爆心距在较大范围内变化时受爆炸波作用的试样。试样的收集位置包括爆心附近以及各层传感器敏感元件附近,收集到试样的质量为 50~100 g。

　　首先按照《土工试验方法标准》(GB/T 50123—2019)中的筛析法对收集到的试样进行粒度分析试验。图 3.30(a)为待筛析的砂土试样,图 3.30(b)为筛析所用的标准顶击式振筛机,筛析时间为 10 min。

　　对砂土颗粒破碎程度的评价一般是基于试样级配曲线的变化,颗粒破碎程度的加剧对应于砂土试样级配曲线的整体上移。图 3.31 为 DCS64-1 试验中不同测试层处回收到的试样对应的级配曲线,所有试样的收集厚度均控制在 1 cm 以内。由图可知,对于在 $R > 0.2$ m(对应于 $R^* > 0.5$ m/kg$^{1/3}$)处收集到的试样,其级配曲线在原样的不确定度范围之内,因此可以认为珊瑚砂没有发生破碎现象。在其余所有试验中,当 $R^* > 0.5$ m/kg$^{1/3}$ 时,颗粒均未发生破碎现象。因此,在每发爆炸试验结束后,仅需要舍弃比例爆心距 $R^* \leqslant 0.5$ m/kg$^{1/3}$ 范围内的试样即可。对于药包质量为 64 g 的试验,此范围内

(a) 待筛分试样

(b) 标准顶击式振筛机

图 3.30　筛分法测定试样级配曲线

砂样的体积仅为试样总体积的 5‰,这一结论保证了能够使用有限量的珊瑚砂试样进行系列爆炸模型试验。另外,虽然当 R^* = $0.5 \text{ m/kg}^{1/3}$ 时,砂土的粒度分布曲线与原样略有差别,但并不明显,且在原样砂土粒度分布曲线的误差范围内,因此在后续分析中,将只对 $R^* < 0.5 \text{ m/kg}^{1/3}$ 范围内回收到的试样进行分析。

2)药包附近的颗粒破碎现象

图 3.32 为药包附近砂土试样在试验后的级配曲线。图 3.32(a)表明随着药包质量的增加,砂土颗粒的破碎程度明显增加。

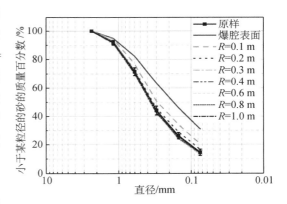

图 3.31　试验 DCS64-1 中不同爆心距处试样的级配曲线

根据上一节分析可知,爆炸波应力幅值的衰减与比例爆心距 R^* 相关。因此,随着药包质量的增加,相同厚度试样对应的比例爆心距变化将会减小,相应地,此范围内爆炸波平均应力将会增大,试样破碎程度将会增加。图 3.32(b)表明埋深对药包附近砂土颗粒的破碎无明显影响,这说明在收集的砂土颗粒范围内,砂土颗粒主要承受的是爆轰产物的直接冲击,与试样边界条件无关。

图 3.32(c)表明潮湿试样的破碎程度明显高于干燥试样。Barr[24]的研究结果表明,在非饱和石英砂尚未达饱和之前,试样的破碎程度随试样含水率的提高而增加。这是由于孔隙水的润滑作用导致颗粒间的摩擦力减小,因而在塑性变形过程中更多的塑性能被消耗于颗粒破碎。在 WCS64-3 试验后,药包附近试样的含水率达到了 33.2%,考虑到爆炸波作用使试样干密度增大,可以认为在爆炸波作用下试样已达到饱和。但其破碎程度仍高于干砂,因此需要对这一现象进行分析。如图 3.33 所示,与 DCS64-1 试验相比,

WCS64-3 试验中收集到的药包附近的试样颜色更深,这是因为当药包附近的试样达到了完全饱和后,TNT 炸药的爆轰产物无法通过孔隙扩散出去,因此基本保留在了药包之中。在完全爆轰条件下,每克 TNT 炸药将产生约 0.056 g 碳单质[9],这些碳粉增加了试样中细粒成分所占比例。由于爆炸波的应力幅值在药包附近将会剧烈衰减,因此无法确定爆炸波在回收试样处的幅值。另外,在药包的高温高压环境下珊瑚砂的主要成分碳酸钙极不稳定,并将发生难以量化的物理化学变化。因此对药包附近试样的破碎效应只能进行定性分析。

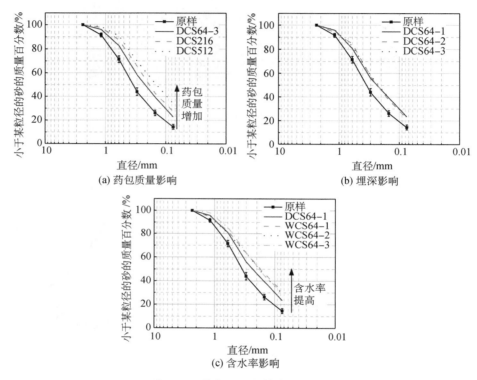

(a) 药包质量影响

(b) 埋深影响

(c) 含水率影响

图 3.32　药包附近试样的级配曲线

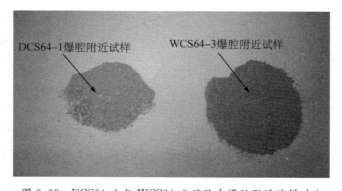

图 3.33　DCS64-1 与 WCS64-3 试验中爆腔附近试样对比

3）传感器附近颗粒破碎的定量分析

在传感器感压面位置处回收到的试样所承受的应力时程曲线可以完全确定,因此可以通过量化这些试样的破碎程度,进而定量分析其与爆炸波强度的关系。

自 20 世纪 40 年代起就有大量学者对准静态荷载作用下砂土颗粒的破碎现象进行了研究。为了量化颗粒破碎的程度,研究人员提出了许多用以描述颗粒破碎的参数。其中,Marsal[25]、Lee 等[26]以及 Hardin[27]提出的破碎指数可以根据试样的级配曲线计算得出,因此获得了较为广泛的应用。

Lee 等在研究颗粒破碎对土石坝的反滤层的影响时发现,试样颗粒累积分布曲线上含量为 15% 对应的颗粒尺寸对试样的渗流速度有显著影响,因此他们提出将试验前后该含量的颗粒尺寸之比作为试样破碎的度量方法。这种方法主要针对由颗粒破碎引起的砂土特定性质发生的改变,对砂土整体级配曲线变化描述欠佳。Marsal 提出的破碎指数 B 以试验前后通过每一级筛网的试样百分含量之差为基础计算得出。这些差值可能为正数、负数或零,且其总和为零,将所有符号相同的百分含量之差求和即可得出破碎指数 B。这种计算方法虽然考虑了颗粒分布的整体变化,但会受到筛网孔径组合的影响。

Hardin 引入破碎势 B_p 用以描述颗粒破碎的可能性随颗粒的增大而增加的现象,并根据试样在加载前后的破碎势计算出试样的相对破碎 B_r。在 Hardin 的研究中发现,对于具有相同颗粒形状和初始孔隙比的试样,当沿同一路径加载时,相对破碎 B_r 基本与初始级配曲线无关,因此可以将 B_r 视为颗粒的基本属性,这种评价方法获得了较为广泛的应用[28-30]。相对破碎 B_r 是根据试样在加载前后的破碎势 B_p 计算求得,因此需要先计算试样的破碎势。

Hardin 规定破碎势按照以下步骤计算得出:首先假定粒径小于 0.074 mm 的试样不会继续破碎,并规定对于某一粒径 $d \geqslant 0.074$ mm 的颗粒,其破碎潜力 b_p 为

$$b_p = \lg\left(\frac{d}{0.074}\right) \tag{3.38}$$

当 $d < 0.074$ mm 时,取 $b_p = 0$。

试样的破碎势 B_p 按下式计算:

$$B_p = \int_0^1 b_p \mathrm{d}f \tag{3.39}$$

式中,f 为级配曲线上粒径为 d 的颗粒所对应的筛分通过率,其数值在 $0 \sim 1$ 范围内变化。

式(3.39)表示将试样的级配曲线沿其纵坐标进行积分。试样的初始破碎势 B_{po} 和加载后的破碎势 B_{pl} 分别为

$$\begin{cases} B_{po} = \displaystyle\int_0^1 b_{po} \mathrm{d}f \\ B_{pl} = \displaystyle\int_0^1 b_{pl} \mathrm{d}f \end{cases} \tag{3.40}$$

加载前后试样整体破碎势之差为总破碎 B_t,即

$$B_{t} = B_{po} - B_{pl} \tag{3.41}$$

Hardin 的相对破碎 B_r 等于总破碎与初始破碎势之比：

$$B_{r} = \frac{B_{t}}{B_{po}} \tag{3.42}$$

图 3.34 为初始破碎势 B_{po} 及总破碎 B_t 的示意图。

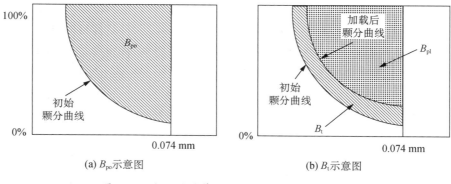

(a) B_{po} 示意图　　　　　　　　(b) B_t 示意图

图 3.34　初始破碎势 B_{po} 及总破碎 B_t 的示意图

在土力学中，一般称粒径大于 0.005 mm 且小于 0.075 mm 的颗粒为粉粒[31]。Hardin 选取 0.074 mm 作为破碎极限粒径的原因为：一是其研究对象仅含有少量粉粒（小于 5%），因此可以忽略粉粒组分变化对试验结果的影响；二是对于粉粒的粒度分析，需要采用远比筛析法麻烦的密度计法或移液管法。由图 3.31 可知，在破碎的珊瑚砂中含有较大量的粉粒（大于 20%），因此需要对 Hardin 的破碎势及破碎指数进行修正，以考虑加载前后粉粒含量变化的影响。

图 3.35　马尔文 Mastersizer 3000E 型激光粒度仪

试样中细颗粒的含量采用马尔文 Mastersizer 3000E 型激光粒度仪（图 3.35）测量。为达到较好的分散效果，激光粒度仪的试样质量一般不能超过 5 g，因此需要将筛析法和激光粒度仪两种手段结合，从而确定试样的完整级配曲线。

图 3.36 为按照该方法确定珊瑚砂原样颗粒级配曲线的过程。首先使用筛析法获得试样粒径在 0.075 mm 以上的颗粒级配曲线，然后称量 5 g 通过孔径为 450 μm 筛网的砂土试样用于激光粒度仪的测量。测量得到这部分试样的粒度区间分布曲线，如图 3.36(a) 所示，将其进行积分求和后可以得到粒径小于 450 μm 试样的级配曲线，如图 3.36(b) 所示。将图 3.36(b) 中的纵坐标乘以这部分试样在原样中所占的质量百分比，即可获得其在原样中的级配曲线，如图 3.36(c) 所示。可以发现，两种方法在重合的粒径范围内结果一致，证明了这种联合测试的方法是有效的。但是对于已破碎珊瑚砂，两种测量方法的结果会有一些差别，这是因为当试样中含有

较多的粉粒时,筛析法不能完全保证试样被充分分离,因此对粒径小于 450 μm 的试样将选取激光粒度仪的测试结果。激光粒度仪试验结果表明,珊瑚砂中粒径大于 0.001 mm 的试样的质量超过 99%,因此可采用粒径 450 μm 作为颗粒破碎的极限粒径。

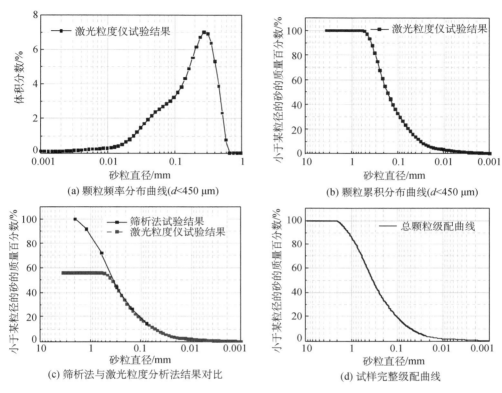

图 3.36 珊瑚砂原样的颗粒级配曲线

潮湿珊瑚砂在烘干过程中会产生胶结现象,对其进行粒径分析时需使用毛刷将胶结体压碎,由于无法量化该操作对试验结果的影响,因此只有干燥珊瑚砂的试验结果适合进行定量分析。选用在 DCS64-1,DCS64-3,DCS216 三发试验中的第一层传感器以及在 DCS512 试验中的前两层传感器收集到的试样进行分析,按照上述测试方法获得了它们的完整级配曲线。选用 0.001 mm 作为极限粒径,按照与 Hardin 相同的计算过程计算得到这些试样的破碎指数,并将其与测点处应力峰值的对应关系汇总于图 3.37 中。可以发现,相对破碎 B_r 随法向应力峰值 $(\sigma_r)_{\max}$ 的增大而增大,与药包质量关系不大。相对破碎与法向应力峰值的近似线性关系为

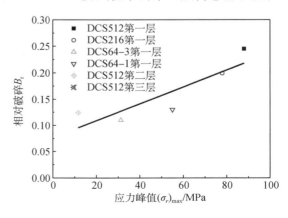

图 3.37 传感器附近颗粒破碎与应力峰值关系

$$B_r = 0.076\ 9(\sigma_r)_{\max} + 0.001\ 6 \qquad (3.43)$$

根据上述分析可知,爆炸波的应力峰值是颗粒破碎的主要控制因素。由颗粒破碎现象的比例爆心距($R^* = 0.5\ \mathrm{m/kg^{1/3}}$)处的应力峰值可知,当爆炸波的峰值应力小于 7 MPa 时,珊瑚砂试样几乎不会发生颗粒破碎现象。这一结论说明式(3.43)不适用于应力峰值较小的情况。

3.2.3　集团装药下非饱和珊瑚砂中爆炸波的传播衰减规律

1. 爆炸波应力时程曲线特征

本节主要探讨的对象是在成坑过程中耦合入砂土中的能量所引起的直接地冲击应力波。在均匀各向同性的无限介质中,由中心起爆的球形药包将产生球面爆炸波。在本章的封闭爆炸及浅埋爆炸试验中,当爆炸波未到达边界时可以将其视为球面波。对于触地爆炸,虽然砂土内部的爆炸波从形成开始就不是球面波,但试验研究表明:在与药球轴线成 30°的区域内应力场是中心对称的,即爆炸波在性质上是球形的,这一区域称为中央区[32]。因此,本节内容实际上就是介绍球面爆炸波在珊瑚砂内的传播与衰减规律。

在潮湿珊瑚砂的试验中,所有第一层传感器均未测到信号,回收得到的该层传感器如图 3.38(a)所示,可以发现传感器的信号线在接头处发生了断裂。图 3.38(b)解释了这种破坏产生的原因:由于信号线刚度较小,因此其运动方向与当地砂土介质相同;而传感器刚度较大,因此其运动方向与其中心位置相同。由于此处波阵面曲率较大,因而信号线与传感器的运动方向差异较大。非饱和珊瑚砂的 SHPB 试验结果表明,在未达到锁变之前,高应力作用下潮湿珊瑚砂的压缩性比干燥珊瑚砂更高,因此试样的位移也更大,进而导致了信号线在其与传感器的接头处发生断裂现象。

(a) 破坏的传感器

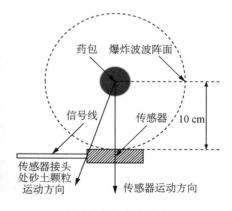

(b) 传感器运动示意图

图 3.38　潮湿珊瑚砂试样中第一层传感器的破坏原因

图 3.39 为 DCS64-1 试验中不同测点处的法向应力时程曲线。与平面爆炸波相比,球面爆炸波从 10 cm 传至 20 cm 时其法向应力幅值发生了剧烈衰减,而在随后的传播中衰减速率较慢。由图可知,在所有信号中均出现了剧烈的高频振荡脉冲信号,该信号是由

爆轰产物运动产生的电磁脉冲对测试电路造成的影响:雷管及药包起爆后产生的粒子带有大量电荷,带电粒子在非均匀膨胀时将产生强烈的电磁脉冲[9]。由于电磁场以光速在空间中传播,因此,振荡信号在不同传感器中具有相同的起跳时间,故可将其视为起爆零时[33]。

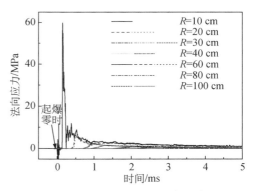

图 3.39　DCS64-1 试验中所有
传感器的记录结果

图 3.40 为 DCS64-1 试验中在爆心距为 $R=20$ cm 和 30 cm 的测试层内所有传感器测得的波形。在 $R=20$ cm 的测试层上,两个传感器测得的应力峰值分别为 7.31 MPa 和 6.22 MPa,两者相差 15%。而在 $R=30$ cm 的测试层上,三个传感器测得的应力峰值之差小于 5%。

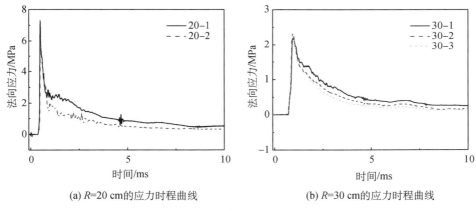

(a) $R=20$ cm的应力时程曲线　　　　　(b) $R=30$ cm的应力时程曲线

图 3.40　DCS64-1 试验中同一层传感器记录波形对比

由于非中心传感器感压面的法向与爆炸波的传播方向存在夹角,因此其测得的信号应小于中心传感器测得的信号。为分析这种误差对试验结果带来的影响,图 3.41 绘制了传感器的位置偏差示意图,可以发现:对于 $R=20$ cm 的测试层,爆心距误差为 4.5%,夹角偏差对实测应力和法向应力带来的偏差为 -4%;对于 $R=30$ cm 的测试层,爆心距误差为 2%,夹角偏差对实测应力和法向应力带来的偏差为 -2%。对于爆心距超过 30 cm 的测试层,由传感器位置偏差对测试结果带来的影响更小。将因位置偏差对试验结果带来的影响修正后发现,在大多数测试层内所有传感器测得的应力峰值差别不超过 10%,在很少数的测试层内应力峰值差别会达到 20%。这种误差的主要来源是珊瑚砂试样本身的不均匀性。

图 3.42 所示为 WCS64-1 试验中在爆心距为 $R=20$ cm 的测试层内传感器测得的波形。与干燥珊瑚砂中应力时程曲线相比,潮湿珊瑚砂中的应力时程曲线在加载和卸载过程中,均会出现突然的"抖动"现象。这一现象与珊瑚砂中孔隙水在高频动态荷载作用下的非均匀渗流有关。

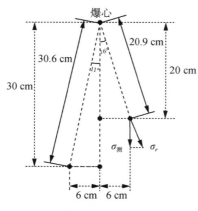

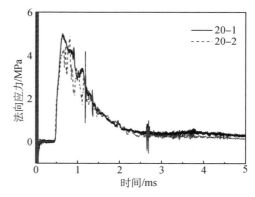

图 3.41 传感器位置偏差示意图　　图 3.42 WCS64-1 试验中同一层传感器记录波形对比

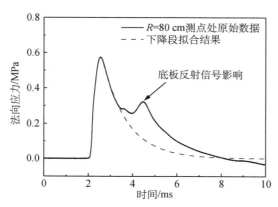

图 3.43 消除反射波对应力时程曲线影响的方法

爆炸波中的高频组分随传播距离的增加衰减加快,相应的应力时程曲线也逐渐变得光滑。当爆炸波传至底板后会产生反射波,反射波会对爆心距较大的测点(主要是 $R=60$ cm 和 $R=80$ cm)处的波形造成显著影响。图 3.43 中的实线为 DCS64-1 试验中 $R=80$ cm 测点处的原始波形,可以发现,反射波信号并不会影响爆炸波的应力峰值的读取,但会给比冲量的计算带来巨大误差。为消除反射波的影响,根据 Lyakhov[17] 关于爆炸波随时间的衰减规律

的研究结果,使用指数函数对未受到底板反射信号影响的波形进行拟合,然后将其外推至试验的测试时间结束。图 3.43 中的虚线即为拟合及外推的结果。

2. 爆炸波波速与升压时间

爆炸波的波速包括波阵面的传播速度和应力峰值的传播速度。按照与平面爆炸波试验中相同的准则读取各测点的波阵面到时和应力峰值到时后,即可通过拟合的方法确定这两种波速。

将四种不同含水率的封闭爆炸试验中波阵面和应力峰值的到时汇总于图 3.44 中,由图可知,与松散珊瑚砂中爆炸波波速不同的是,在试验的测试范围内,密实珊瑚砂中的波速基本保持为定值。且除 DCS64-1 试验中第一层测点外,其余试验测点爆炸波的到时和应力峰值到时有很大区别,说明在集团装药情况下密实珊瑚砂中爆炸波主要以弹塑性波的形式传播。

根据弹塑性球面波的传播理论可知,其波阵面的波速为试样的弹性纵波波速 C_0,而应力峰值的波速为试样的塑性纵波波速 C_p。表 3.12 汇总了所有试验中的波速拟合值,由表可知:干燥珊瑚砂中弹性纵波波速离散性较大,塑性纵波波速随试样密度的增大而增大;潮湿珊瑚砂中的弹性和塑性纵波波速均随含水率的提高而增大。

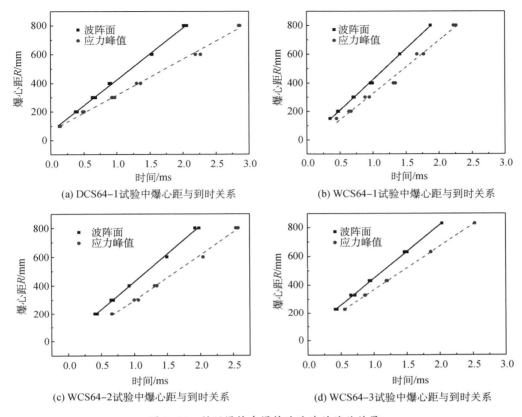

图 3.44　封闭爆炸中爆炸波波速的试验结果

表 3.12　集团装药爆炸试验中的波速

试验编号	密度 /(g·cm⁻³)	弹性纵波波速 C_0/(m·s⁻¹)	C_0 拟合优度	塑性纵波波速 C_p /(m·s⁻¹)	C_p 拟合优度
DCS64-1	1.37	359	0.998	250	0.995
DCS64-2	1.39	344	0.998	282	0.995
DCS64-3	1.38	291	0.998	265	0.997
DCS216	1.39	332	0.999	278	0.999
DCS512	1.38	339	0.999	274	0.999
WCS64-1	1.50	429	0.999	377	0.998
WCS64-2	1.59	387	0.998	315	0.996
WCS64-3	1.80	374	0.999	302	0.999

由于在试验范围内,爆炸波的弹性纵波波速和塑性纵波波速均基本保持不变,则爆心距为 R 处的上升时间可近似表示为

$$t_r = R\left(\frac{1}{C_e} - \frac{1}{C_p}\right) \tag{3.44}$$

式(3.44)表明,密实珊瑚砂中爆炸波的升压时间与爆心距呈线性关系,这与松散珊瑚

砂中升压时间与爆心距的指数函数关系是显著不同的。

3. 法向应力峰值的衰减规律

法向应力峰值 $(\sigma_r)_{max}$ 的衰减公式通常是以式(3.45)所示的幂函数的形式给出：

$$(\sigma_r)_{max} = K_\sigma(R^*)^{-\mu_\sigma} \tag{3.45}$$

式中，K_σ 为应力衰减常数；μ_σ 为应力衰减系数。

图 3.45 为对数坐标系下所有干燥珊瑚砂试验中测点的比例爆心距和法向应力峰值的对应关系，由图可知，干燥珊瑚砂的应力峰值衰减规律以 $R^* = 0.75$ m/kg$^{1/3}$ 为界可划分为两段，表 3.13 汇总了这两段衰减规律的参数值。

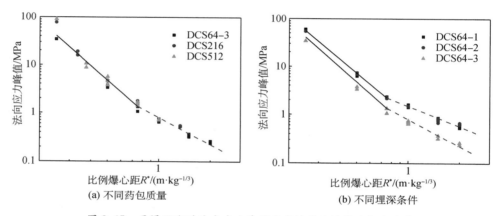

图 3.45　干燥珊瑚砂法向应力峰值衰减的试验结果及拟合曲线

根据表 3.13 及图 3.45 可以发现：在 $R^* > 0.33$ m/kg$^{1/3}$ 的范围内，试验结果一致性较好且符合爆炸相似律，而在 $R^* = 0.25$ m/kg$^{1/3}$ 的测点处，不同药包质量的试验结果偏差较大。其原因可能是，当应力水平较高时，应力值对介质的不均匀性较为敏感。图 3.45(b)表明，当比例埋深由 2.25 m/kg$^{1/3}$ 减小至 0.75 m/kg$^{1/3}$ 时，珊瑚砂中爆炸波应力峰值的衰减规律不会发生变化，而当比例埋深减小至 0 m/kg$^{1/3}$ 时，在 $R^* = 0.25$ m/kg$^{1/3}$ 和 $R^* = 2.0$ m/kg$^{1/3}$ 处的应力峰值将分别减小 27% 和 60%，且衰减系数会略微增大。

表 3.13　干燥珊瑚砂法向应力峰值衰减规律参数值

试验编号	第一段($R^* \leqslant 0.75$ m/kg$^{1/3}$)			第二段($R^* > 0.75$ m/kg$^{1/3}$)		
	K_σ	μ_σ	拟合优度	K_σ	μ_σ	拟合优度
DCS64-1 DCS64-2	0.944	2.94	0.998	1.474	1.37	0.976
DCS64-3 DCS216 DCS512	0.548	3.11	0.961	0.79	1.83	0.938

图 3.46 为对数坐标系下所有潮湿珊瑚砂试验中测点的比例爆心距和法向应力峰值的对应关系，相应的衰减规律参数值汇总于表 3.14 中。从图中可以发现，在比例爆心距

为 $0.5 \sim 2.0 \ \mathrm{m/kg^{1/3}}$ 的范围内,潮湿珊瑚砂中的应力峰值衰减曲线为一段直线,法向应力峰值随含水率的提高先减后增,但衰减系数却随含水率的提高而单调递增。

表 3.14　潮湿珊瑚砂法向应力峰值衰减规律参数值

试验编号	K_σ	μ_σ	拟合优度
WCS64-1	1.805	1.39	0.965
WCS64-2	1.53	1.55	0.986
WCS64-3	2.2	1.79	0.978

对于 $R=100 \ \mathrm{cm}$ 测点处的传感器,其被放置于容器底板之上,而底板下方为混凝土地基。由于传感器、容器底板及混凝土地基的波阻抗均远大于珊瑚砂,因此可以将该层传感器视为固定端,其所测应力时程曲线的应力峰值即反射应力峰值 $(\sigma_R)_{max}$。根据式 (4.35) 和表 3.13、表 3.14 中的衰减规律参数值,可以通过外推的方法获得 $R=100 \ \mathrm{cm}$ 测点处的自由场应力峰值 $(\sigma_I)_{max}$,$(\sigma_R)_{max}$ 与 $(\sigma_I)_{max}$ 之比为非饱和珊瑚砂中的刚壁反射系数。

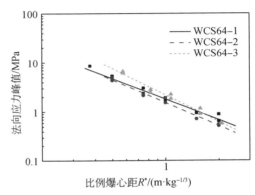

图 3.46　潮湿珊瑚砂法向应力峰值试验
结果及拟合曲线

表 3.15 汇总了所有试验中的外推应力峰值、反射应力峰值及刚壁反射系数,可以发现:对于含水率小于或等于 10% 的非饱和珊瑚砂,其刚壁反射系数在 $1.473 \sim 1.603$ 之间;对于含水率大于 20% 的非饱和珊瑚砂,其刚壁反射系数在 $1.225 \sim 1.249$ 之间。

表 3.15　非饱和珊瑚砂刚壁反射系数

试验编号	外推应力峰值 $(\sigma_I)_{max}/\mathrm{MPa}$	反射应力峰值 $(\sigma_R)_{max}/\mathrm{MPa}$	刚壁反射系数 $(\sigma_R)_{max}/(\sigma_I)_{max}$
DCS64-1	0.421	0.675	1.603
DCS64-2	0.421	0.635	1.508
DCS64-3	0.149	0.219	1.473
DCS216	0.311	0.458	1.473
DCS512	0.529	0.796	1.504
WCS64-1	0.505	0.804	1.592
WCS64-2	0.368	0.451	1.225
WCS64-3	0.430	0.537	1.249

4. 折合比冲量的衰减规律

将不同传感器测得的法向应力时程曲线按式 (3.34) 进行积分后,即可得到相应位置的比冲量时程曲线,按照该方法计算 DCS64-1 试验中各测点的比冲量时程曲线,如图 3.47 所示。由图可知,在时间达到 10 ms 后所有位置处的比冲量基本保持为一稳定值,将该值按式(3.36)中第三式换算后即可得到相应的折合比冲量。

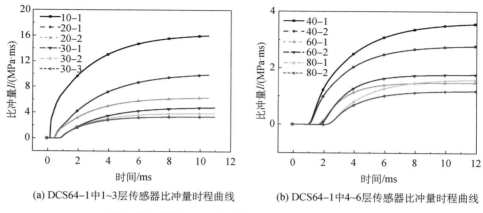

(a) DCS64-1中1~3层传感器比冲量时程曲线   (b) DCS64-1中4~6层传感器比冲量时程曲线

图 3.47 DCS64-1 试验中各测点的比冲量时程曲线

折合比冲量的衰减公式通常是以式(3.46)所示的幂函数的形式给出:

$$I^* = K_I (R^*)^{-\mu_I} \tag{3.46}$$

式中,K_I 为比冲量衰减常数;μ_I 为比冲量衰减系数。

同一测试层内不同传感器测得的比冲量相差 5%~50% 不等,其离散性大于应力峰值试验结果的离散性。这是因为在卸载过程中传感器的位移远大于加载过程中的位移,由于波阵面曲率的影响,将导致传感器感压面方向发生偏转,从而给应力的测量带来较大误差。因此,即使同一测试层内各传感器测得的应力峰值几乎相同,但其卸载曲线可能存在显著差异。由于卸载时间远比加载时间长,因此卸载曲线的差异将对比冲量计算造成显著影响。

图 3.48、图 3.49 分别为干燥珊瑚砂和潮湿珊瑚砂折合比冲量的试验结果及相应的拟合曲线,可以发现,在对数坐标系下,干燥珊瑚砂或潮湿珊瑚砂折合比冲量的衰减曲线均为一段直线,这一点与干燥珊瑚砂应力峰值的衰减规律不同。对于干燥珊瑚砂,当其比例埋深由 2.25 m/kg$^{1/3}$ 减小至 0.75 m/kg$^{1/3}$ 时,虽然应力峰值的大小不变,但折合比冲量却显著减小。

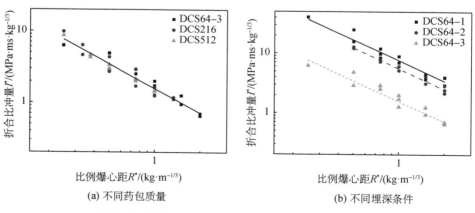

(a) 不同药包质量   (b) 不同埋深条件

图 3.48 干燥珊瑚砂折合比冲量试验结果及拟合曲线

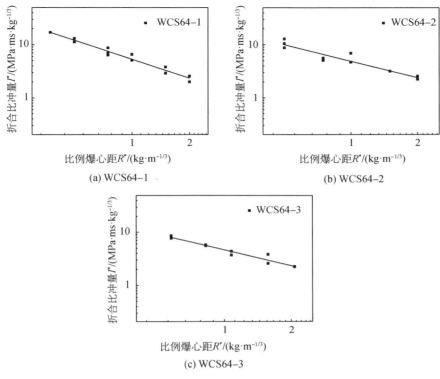

图 3.49　潮湿珊瑚砂折合比冲量试验结果及拟合曲线

表 3.16 汇总了非饱和珊瑚砂中折合比冲量衰减公式的参数值,可以发现,当含水率不变时,比例埋深仅会影响折合比冲量的值而不影响其衰减系数,即不影响其衰减规律。对于潮湿珊瑚砂,折合比冲量的衰减系数随含水率的提高而减小,且 10% 含水率试样与干燥试样的衰减系数近似相同。

表 3.16　非饱和珊瑚砂折合比冲量衰减公式参数值

试验编号	K_I	μ_I	拟合优度
DCS64-1	7.57	1.15	0.944
DCS64-2	5.54	1.14	0.975
DCS64-3			
DCS216	1.57	1.16	0.933
DCS512			
WCS64-1	5.33	1.18	0.959
WCS64-2	4.92	1.02	0.901
WCS64-3	4.65	0.97	0.946

将不同含水率的封闭爆炸试验中折合比冲量的衰减拟合曲线汇总于图 3.50 中,可以发现,相同比例爆心距处折合比冲量的值与衰减速率均随含水率的提高而减小。

耦合系数 f 的定义是非封闭爆炸与封闭爆炸在同一介质汇总所产生的地冲击大小的

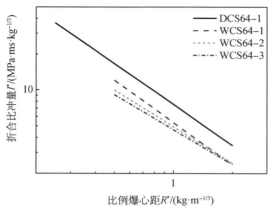

图 3.50 不同含水率珊瑚砂的折合比冲量衰减

比值,其取值范围为 $0 \sim 1$,通常按下式计算:

$$f(h^*) = \frac{\{(\sigma_r)_{\max}, \ I^*, \ v, \ d, \ a\}_{非封闭爆炸}}{\{(\sigma_r)_{\max}, \ I^*, \ v, \ d, \ a\}_{封闭爆炸}} \tag{3.47}$$

式中,$(\sigma_r)_{\max}$ 为法向应力峰值;I^* 为折合比冲量;v 为峰值粒子速度;d 为峰值位移;a 为峰值加速度。

一般情况下,上述不同的量所对应的 f 是不同的。在关于爆炸近区地冲击的研究中,选取较多的是法向应力峰值和比冲量,相应的耦合系数分别称为应力型耦合系数和冲量型耦合系数。由于珊瑚砂中爆炸波峰值应力的衰减随比例爆心距的增加而增加,因此不适宜用式(3.47)的形式表示。根据表 3.16 计算可得,在比例埋深为 $0 \ \mathrm{m/kg^{1/3}}$ 和 $0.75 \ \mathrm{m/kg^{1/3}}$ 时,珊瑚砂的冲量型耦合系数 f 分别为 0.21 和 0.73。

5. 爆炸试验及 SHPB 试验中试样侧限压缩模量的对比

由于砂土颗粒尺寸较大,且在动态荷载作用下其颗粒间的接触力是非均匀传播的,从而产生了力链等与尺寸效应有关的现象[34-37]。虽然近三十年已有大量学者使用 SHPB 试验研究了砂土的动态力学特性,但是很少有关于 SHPB 试验中砂土试样尺寸效应对试验结果的讨论。因此通过对比由爆炸试验与 SHPB 试验得出的试样侧限压缩模量,分析尺寸效应对珊瑚砂 SHPB 试验结果造成的影响是十分必要的。

在球面波传播过程中,介质的径向应变 ε_r 与侧向应变 ε_θ 分别为

$$\begin{cases} \varepsilon_r = \dfrac{\partial u}{\partial r} \\[2mm] \varepsilon_\theta = \varepsilon_\phi = \dfrac{u}{R} \end{cases} \tag{3.48}$$

式中,u 为质点的位移,由于密实珊瑚砂的屈服应变较小,且其塑性波速在传播过程中变化不明显,因而波阵面上的应力可按下式计算:

$$\sigma_r = \rho_0 C_p v \tag{3.49}$$

式中,σ_r 为法向应力;ρ_0 为试样初始密度;C_p 为塑性纵波波速;v 为粒子速度。

以 DCS64-1 试验为例,对于 $R = 10 \ \mathrm{cm}$ 的测点,升压时间 t_r 为 $13 \ \mu s$,法向应力峰值为 $59 \ \mathrm{MPa}$;对于 $R = 80 \ \mathrm{cm}$ 的测点,升压时间 t_r 为 $820 \ \mu s$,法向应力峰值为 $0.6 \ \mathrm{MPa}$。试样初始密度为 $1.4 \ \mathrm{g/cm^3}$,塑性波速取为 $250 \ \mathrm{m/s}$,按式(3.49)计算可得:在两个测点处,试样的粒子速度峰值 $v_{\max}$ 分别为 $169 \ \mathrm{m/s}$ 和 $1.7 \ \mathrm{m/s}$,试样的法向应变峰值分别为 0.67 和 0.0069。根据式(3.48)中第二式,试样的侧向应变可按下式计算:

$$\varepsilon_\theta = \frac{1}{2} \cdot \frac{v_{max}}{R} \cdot t_r \tag{3.50}$$

根据计算可得,两个测点的侧向应变峰值分别 0.01 和 0.000 87,两者分别为相应测点法向应变峰值的 1.4% 和 12.6%。由于在试验范围内,珊瑚砂试样的侧向应变仍明显小于法向应变,因此,在爆炸波作用下试样的加载路径与 SHPB 试验中试样的加载路径相似。在忽略加载路径对珊瑚砂力学特性影响的基础上,可以将 SHPB 试验结果与爆炸波试验结果进行对比,进而分析尺寸效应对试样侧限压缩模量的影响。

由第 2 章中 SHPB 试验结果可知:在轴向应力小于 10 MPa 时,密实珊瑚砂的应力-应变曲线可以近似看成是线性关系,且侧压力系数的变化可以忽略不计。在这种情况下,珊瑚砂的轴向应力-应变曲线的斜率(即侧限压缩模量)可表示为[38]

$$M_S = K_p + \frac{4}{3} G_p \tag{3.51}$$

式中,K_p 为塑性体积模量;G_p 为塑性剪切模量。

对于珊瑚砂中传播的弹塑性球面波,其塑性波速为[38]

$$\begin{cases} C_p = \sqrt{\dfrac{M_B}{\rho_0}} \\ M_B = K_p + \dfrac{4}{3} G_p \end{cases} \tag{3.52}$$

式中,ρ_0 为珊瑚砂的初始密度;M_B 为爆炸试验中试样的侧限压缩模量。

根据式(3.51)和式(3.52)可知,两种试验中试样的侧限压缩模量应相同。将按式(3.52)计算得到的干燥珊瑚砂爆炸试验中试样的侧限压缩模量列入表 3.17 中。考虑到爆炸试验中试样的密度与 SHPB 试验中试样的密度不同,因此选用 SHPB 试验中 $\rho_0 =$ 1.35 g/cm^3 和 1.42 g/cm^3 的试样在 10 MPa 时的割线模量,按照线性内插的方法计算任意初始密度下试样的侧限压缩模量,并将结果汇总于表 3.17 中。通过对比可知,由 SHPB 试验得到的试样侧限压缩模量比在爆炸试验中得到的侧限压缩模量高 15%～25%。因此,在将由 SHPB 试验得到的珊瑚砂材料参数应用于爆炸试验计算中时,需要考虑这种尺寸效应的影响。

表 3.17　SHPB 试验与爆炸试验中试样侧限压缩模量对比

试验编号	$\rho_0/(\text{g} \cdot \text{cm}^{-3})$	$C_p/(\text{m} \cdot \text{s}^{-1})$	M_B/MPa	M_S/MPa	$\dfrac{M_S - M_B}{M_B}$
DCS64-1	1.37	250	85	106	0.25
DCS64-2	1.39	282	111	126	0.15
DCS64-3	1.38	265	97	120	0.24
DCS216	1.39	278	107	126	0.18
DCS512	1.38	274	104	120	0.16

3.3 非饱和珊瑚砂计算模型及爆炸波衰减的数值模拟

对于非饱和砂土中爆炸波传播的问题,除少数情况下可利用简化模型获取理论解外,大多数情况下均要使用数值模拟的方法。严格来说,爆炸波在砂土中传播问题的求解应该基于考虑渗流的多相介质模型。但由于爆炸荷载作用的时间相当短,非饱和砂土在发生变形时其中的孔隙水和孔隙气来不及排出,土壤暂时仍可视为组分含量未发生变化的介质。当与爆炸波的作用范围相比,砂土的非均匀性尺度小到可以忽略不计时,可将其视为连续介质,进而采用连续介质力学的微分方程组及材料模型求解其动力学问题。

本节将基于非饱和珊瑚砂的 SHPB 试验及爆炸模型试验结果,建立可用于计算爆炸波在非饱和珊瑚砂中传播的模型,并对其进行参数标定。然后利用显示动力学分析软件AUTODYN 对珊瑚砂中爆炸波的传播进行计算,并与爆炸试验结果作对比,从而验证模型的合理性及适用范围。

3.3.1 弹塑性模型

Grigorian[39, 40]最早提出了可用于计算软土中爆炸波传播问题的弹塑性模型。该模型采用 Prandtl-Reuss 流动理论以及 Mises 屈服准则描述土壤的弹塑性剪切变形。土壤的塑性体积变形由图 3.51 所示的压力-密度曲线表示,包括塑性体积压缩曲线和弹性体积卸载曲线。

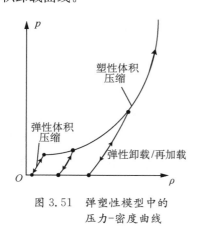

图 3.51 弹塑性模型中的压力-密度曲线

在爆心距较小的情况下爆炸波的强度较高,因此,砂土在变形时将发生很大的剪切变形。虽然 Grigorian 的弹塑性模型没有考虑到砂土的剪胀效应,但若假定砂土已经进入了临界状态[41],则可以忽略剪切对砂土体积变形的影响。另外,当某一应变率范围内材料的动力学特性对应变率的变化不敏感时,可以认为材料在该范围内具有平均意义下唯一动态应力-应变关系。在此意义上,弹塑性模型还涉及应变率的影响,只不过这种应变率效应不是在本构方程中显性出现的[42]。根据 SHPB 试验及爆炸模型试验结果可知,在爆炸波作用下珊瑚砂的应变率比准静态荷载下的应变率要高出数个量级,但在试验范围内珊瑚砂的动态力学特性对应变率变化不敏感。与近年来发展的黏塑性帽盖模型相比[43-45],虽然弹塑性模型忽略了土壤的一些特性,但其参数较少且易于标定,因此仍有广泛的应用。综上所述,本节将采用弹塑性模型,并根据 SHPB 试验结果确定模型中的屈服函数、塑性体积压缩曲线与卸载曲线的形式以及参数。

需要指出的是,潮湿珊瑚砂爆炸试验中测得的应力峰值均小于 10 MPa,根据 SHPB 试验结果可知,在该范围内珊瑚砂试样不会出现锁变现象,因此本节的研究对象是非饱和珊瑚砂的土骨架。

3.3.2　SHPB 试验中试样的应力-应变状态

为使用 SHPB 试验结果建立珊瑚砂的弹塑性模型,并对其屈服函数和压力-密度关系进行参数标定,需要先确定 SHPB 试验中试样的应力-应变状态。

在 SHPB 试验中,试样处于准一维应变压缩状态,若规定应力以单元体受压为正,则试样的静水压力 p 为[46]

$$p = \frac{\sigma_z + 2\sigma_r}{3} \tag{3.53}$$

主应力偏量为

$$\begin{cases} s_1 = \sigma_z - \dfrac{\sigma_z + 2\sigma_r}{3} = \dfrac{2}{3}(\sigma_z - \sigma_r) \\[2mm] s_2 = s_3 = \sigma_r - \dfrac{\sigma_z + 2\sigma_r}{3} = -\dfrac{1}{3}(\sigma_z - \sigma_r) \end{cases} \tag{3.54}$$

式中,σ_z 和 σ_r 分别为试样的轴向应力和侧向应力。两者关系为

$$\sigma_r = k_0 \sigma_z \tag{3.55}$$

式中,k_0 为侧压力系数。

若珊瑚砂的初始密度为 ρ_0,则受压后试样的瞬时密度与轴向应变的关系为

$$\rho = \frac{\rho_0}{1 - \varepsilon_z} \tag{3.56}$$

由于试样的侧向应变可以忽略,因此试样的平均应变 ε_m 为

$$\varepsilon_m = \frac{\varepsilon_z}{3} \tag{3.57}$$

主应变偏量为

$$\begin{cases} e_1 = \dfrac{2}{3}\varepsilon_z \\[2mm] e_2 = e_3 = -\dfrac{1}{3}\varepsilon_z \end{cases} \tag{3.58}$$

3.3.3　屈服函数

将式(3.55)代入(3.53)可得到以轴向应力和侧压力系数表示的静水压力 p 为

$$p = \frac{1 + 2k_0}{3}\sigma_z \tag{3.59}$$

在 Mises 屈服准则中,屈服应力 σ_Y 表示为

$$\sigma_Y = \sqrt{3J_2} \tag{3.60}$$

式中,J_2 为应力偏张量的第二不变量,其值为

$$J_2 = \frac{1}{2} s_{ij} s_{ij} \tag{3.61}$$

将式(3.53)、式(3.54)、式(3.61)代入式(3.60)可得以轴向应力和侧压力系数表示的 Mises 屈服应力为

$$\sigma_Y = (1 - k_0)\sigma_z \tag{3.62}$$

在静水压力较小的情况下,Drucker-Prager 屈服函数[47]可以较好地描述砂土的强度特性,即材料的 Mises 屈服应力与静水压力呈线性关系。然而若采用该屈服函数,则根据式(3.59)和式(3.62)可知,随着轴向压力的增大,试样的侧压力系数保持为常数。这与珊瑚砂的 SHPB 试验结果相矛盾,因此需要采用其他模型。

Lundborg 屈服函数[48]经常用于岩土中爆炸效应的计算,该模型描述了随着静水压力的增大,岩土材料的抗剪强度逐渐趋于定值的特性,其表达式为

$$\sigma_Y = \sigma_{Y_0} + \frac{\mu p}{1 + \dfrac{\mu p}{\sigma_{Y_{max}} - \sigma_{Y_0}}} \tag{3.63}$$

式中,σ_{Y_0} 为黏聚力;$\sigma_{Y_{max}}$ 为极限强度;μ 为与摩擦力有关的系数。对于砂土,在忽略由毛细压力造成的假黏聚力时 σ_{Y_0} 可取为 0,则式(3.63)可简写为

$$\sigma_Y = \frac{\mu p}{1 + \dfrac{\mu p}{\sigma_{Y_{max}}}} \tag{3.64}$$

将式(3.59)和式(3.62)代入式(3.64),化简后可得轴向应力与侧压力系数的关系为

$$\sigma_z = \frac{(2\mu + 3)k_0 + (\mu - 3)}{\mu(1 - k_0)(1 + 2k_0)}\sigma_{Y_{max}} \tag{3.65}$$

按式(3.65)对干燥珊瑚砂和潮湿珊瑚砂的轴向应力与侧压力系数关系的试验结果进行拟合,即可获得珊瑚砂屈服函数的参数。

SHPB 试验结果表明,当试样含水率由 0% 提高至 10% 时,在相同轴向应力下试样的侧压力系数迅速增大,继续提高含水率并不会引起侧压力系数的显著变化。Abdel-Malek[49]在研究非饱和石英砂动态力学特性的研究中同样得到了这一结论,因此可以认为潮湿珊瑚砂试样具有相同的侧压力系数。将相同荷载等级下干燥珊瑚砂与潮湿珊瑚砂试样的侧压力系数取平均值后按式(3.65)进行拟合,所得参数汇总于表 3.18 中。侧压力系数的试验结果及按式(3.65)计算的曲线如图 3.52 所示。

表 3.18　Lundborg 强度模型参数拟合结果

类型	$\sigma_{Y\max}$/MPa	μ
干燥珊瑚砂	363	1.21
潮湿珊瑚砂	165	0.89

根据表 3.18 获得的珊瑚砂的 Lundborg 屈服函数,根据式(3.65)可绘制出干燥珊瑚砂和潮湿珊瑚砂的屈服函数,如图 3.53 所示。可以发现,干燥珊瑚砂试样强度明显高于潮湿珊瑚砂,且两者差别随着静水压力的增大而增加。

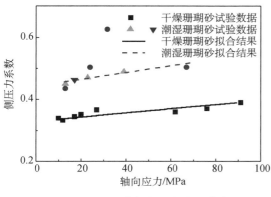

图 3.52　侧压力系数与轴向应力关系的
试验结果及拟合曲线

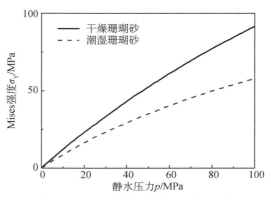

图 3.53　珊瑚砂的 Lundborg 屈服函数

3.3.4　压力-密度关系

对于珊瑚砂试样的压力-密度关系,需要分别按塑性体积压缩曲线和卸载曲线标定。

1. 干燥珊瑚砂的塑性体积压缩曲线

根据式(3.65)所示的 SHPB 试验中试样轴向应力与侧压力系数的关系,按照式(3.56)和式(3.59)可以得到试样的压力-密度关系的试验结果。考虑到由 SHPB 试验得到的珊瑚砂割线模量比爆炸试验所得割线模量高 15%～25%,即相同应变下 SHPB 试验中试样的应力高约 20%,因此,将压力-密度关系中的静水压力乘以 0.8 作为最终结果。图 3.54 所示为不同初始密度条件下干燥珊瑚砂试样的塑性体积压缩曲线。

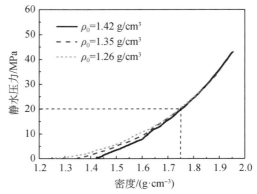

图 3.54　不同初始密度干燥珊瑚砂试样的
塑性体积压缩曲线

试验结果表明,珊瑚砂试样的切线体积模量随静水压力的增大而逐渐增大,因此需要选用能描述该性质的关系式对其进行拟合。Murnagham 假定材料的 Euler 体积模量随静水压力的增大而线性增大,进而得出材料的压力-密度关系式为[42]

$$p = \frac{k}{n_k}\left[\left(\frac{\rho}{\rho_0}\right)^{n_k} - 1\right] \tag{3.66}$$

式中，k 和 n_k 均为材料常数；ρ_0 为材料初始密度；ρ 为材料瞬时密度。

　　当试样密度小于 1.75 g/cm³ 时，试样的压力-密度关系与试样的初始密度有关。将该压力段范围内不同初始密度试样的材料常数拟合结果汇总于图 3.55 中，可以发现，试样的材料常数与其初始密度线性相关，相应的线性拟合结果如式（3.67）所示。

$$\begin{cases} k = 203.2\rho_0 - 239.1 \\ n_k = 14.4 - 6.4\rho_0 \end{cases} \tag{3.67}$$

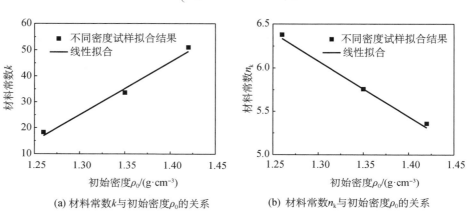

(a) 材料常数 k 与初始密度 ρ_0 的关系　　(b) 材料常数 n_k 与初始密度 ρ_0 的关系

图 3.55　干燥珊瑚砂塑性体积压缩曲线的材料常数

　　当试样密度大于 1.75 g/cm³ 时，由于塑性体积压缩曲线与试样初始密度无关，因此可以选择 $\rho_0 = 1.42$ g/cm³ 的试验结果进行拟合。相应的试验数据及拟合结果如图 3.56(b) 所示，其中 $k = 50.1$，$n_k = 5.46$。

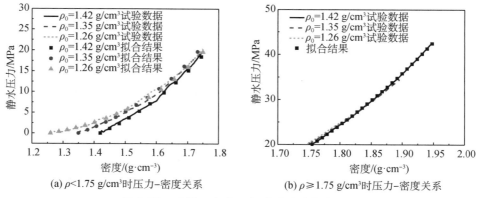

(a) $\rho < 1.75$ g/cm³ 时压力-密度关系　　(b) $\rho \geqslant 1.75$ g/cm³ 时压力-密度关系

图 3.56　干燥珊瑚砂压力-密度曲线拟合结果

　　综上所述，任意初始密度干燥珊瑚砂的塑性体积压缩曲线均符合 Murnagham 方程。当试样的瞬时密度小于 1.75 g/cm³ 时，其材料常数按式（3.67）计算；当试样的瞬时密度

大于 $1.75\ \mathrm{g/cm^3}$ 时,其材料常数取为 $k=50.1$, $n_k=5.46$, $\rho_0=1.42\ \mathrm{g/cm^3}$。

2. 潮湿珊瑚砂的塑性体积压缩曲线

对于潮湿珊瑚砂,需要采用干密度来描述
其骨架的变形规律。按照与干燥珊瑚砂试样
相同的步骤,可以得到潮湿试样在发生锁变现
象之前的塑性体积压缩曲线关系,如图 3.
57 所示。可以发现,对于含水率为 30% 的珊
瑚砂试样,其骨架的变形特征与 10% 含水率
试样的基本一致。另外,由于潮湿珊瑚砂中初
始结构的影响,其压力-密度关系呈现明显的
分段特征。

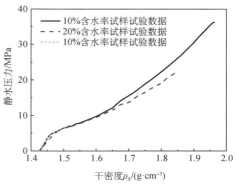

图 3.57　潮湿珊瑚砂试样的压力-密度曲线

对潮湿珊瑚砂塑性体积压缩曲线的确定需要采用分段函数的形式。其中,第一段采
用式(3.68)所示的二次函数,第二段采用式(3.69)所示的修正 Murnagham 方程表示。
对三种含水率珊瑚砂试样的拟合结果如表 3.19 所示。

$$p = A(\rho_d - \rho_{d0})^2 + B(\rho_d - \rho_{d0}) \tag{3.68}$$

$$p - p_1 = \frac{k}{n_k}\left[\left(\frac{\rho_d}{\rho_{d1}}\right)^{n_k} - 1\right] \tag{3.69}$$

表 3.19　潮湿珊瑚砂压力-密度关系拟合参数

初始干密度 $\rho_{d0}/(\mathrm{g \cdot cm^{-3}})$	试样含水率 /%	$\rho_{d0} < \rho_d < \rho_{d1}$			$\rho_{d1} < \rho_d < \rho_{d2}$			
		$\rho_{d1}/(\mathrm{g \cdot cm^{-3}})$	A	B	$\rho_{d2}/(\mathrm{g \cdot cm^{-3}})$	p_1/MPa	k	n_k
1.42	10	1.47	−952	153	—	5.0	46.1	5.21
	20	1.56	−373	108	1.85	6.2	39.5	5.52
	30	1.47	−952	153	1.53	5.0	46.1	5.21

图 3.58 所示为潮湿珊瑚砂塑性体积压缩曲线拟合结果与试验数据的对比,可以发
现,该分段函数及相应参数能够较好地描述潮湿珊瑚砂的压力-密度关系。

3. 弹性体积卸载曲线

对于珊瑚砂试样的弹性体积卸载曲线,可以使用弹性参数进行描述。珊瑚砂的弹性
参数包括压缩模量 K_e 和剪切模量 G_e,两者分别按下式计算:

$$\begin{cases} 3K_e = \dfrac{p}{\varepsilon_m} \\[2mm] 2G_e = \dfrac{s_i}{e_i} \end{cases} \tag{3.70}$$

式中,p 为试样的静水压力;ε_m 为试样的平均应变;s_i 和 e_i 分别为 i 方向的主应力偏量和
主应变偏量。

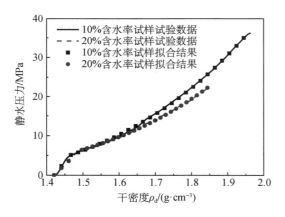

图 3.58　潮湿珊瑚砂压力-密度曲线拟合结果

根据轴向应力时程曲线、侧向应力时程曲线以及轴向应变时程曲线，按式(3.53)、式(3.54)、式(3.57)和式(3.58)可计算出试样的静水压力、平均应变、主应力偏量和主应变偏量的时程曲线，消去时间变量后即可得到它们的对应关系，图 3.59 所示为将 SHPB 试验中的 CS001 组试验按上述步骤计算得出的结果。由图可知，在卸载过程中试样的切线模量是在不断变化的，但由于卸载模量远大于加载模量，因此可以用卸载曲线的割线模量作为近似结果。

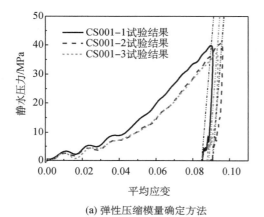

图 3.59　珊瑚砂弹性参数确定方法

按照上述过程，对所有种类试样的弹性参数进行计算，相应的结果汇总于表 3.20 中。

表 3.20　珊瑚砂弹性参数试验结果汇总

试样含水率 /%	静水压力 /MPa	干密度 ρ_d/(g·cm^{-3})	弹性压缩模量 K_e/GPa	弹性剪切模量 G_e/GPa
1	40	1.93	2.88±0.45	2.30±0.35
	8	1.60	1.15±0.32	0.93±0.18
	4	1.52	0.84±0.17	0.53±0.10
10	35	1.95	2.29±0.45	1.60±0.27
	15	1.69	1.42±0.12	0.87±0.19
	7	1.52	0.75±0.08	0.48±0.15
20	12	1.66	1.11±0.34	0.65±0.11
	7	1.53	0.86±0.17	0.43±0.08
30	6	1.50	0.74±0.08	0.37±0.10

将表 3.20 中试样干密度与弹性模量的关系汇总于图 3.60 中，可以发现，所有种类试样的弹性参数随其干密度的变化规律基本一致，且可近似用线性关系表示。

珊瑚砂的弹性参数与试样干密度的线性拟合结果为

$$\begin{cases} K_e = -5.58 + 4.18\rho_d \\ G_e = -4.65 + 3.44\rho_d \end{cases} \tag{3.71}$$

式(3.71)主要是针对较高压力下试样弹性模量的计算。对于初始密度状态下介质中的弹性模量,可以根据爆炸试验中获得的试样弹性波速进行计算。

对于弹性球面波,其传播速度为[38]

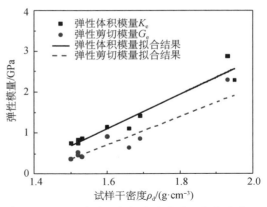

图 3.60 珊瑚砂弹性参数试验结果及拟合曲线

$$C_0 = \sqrt{\frac{K_e + \dfrac{4}{3}G_e}{\rho_0}} \tag{3.72}$$

由式(3.59)、式(3.57)、式(3.54)、式(3.58)、式(3.70)可计算出试样的弹性体积模量与弹性剪切模量的关系为

$$\frac{K_e}{G_e} = 3 \cdot \frac{1 + 2k_0}{1 - k_0} \tag{3.73}$$

将由式(3.65)计算得到的侧压力系数代入式(3.73),并结合式(3.72),即可求出初始密度条件下珊瑚砂试样的弹性模量。

上述研究是通过室内 SHBP 试验得出的结论,可为珊瑚砂在弹体侵彻作用下侵彻深度的数值模拟研究提供重要参数。

3.3.5 球面爆炸波应力峰值衰减计算

由于封闭爆炸不需要考虑边界条件的影响,因此,相应的试验结果常被用来验证砂土材料模型与参数的合理性[50, 51]。本节将分别对干燥珊瑚砂和潮湿珊瑚砂进行计算,其中,干燥珊瑚砂选取 DCS64-1 试验的数据,潮湿珊瑚砂选取 WCS64-1 试验的数据。由于缺乏高压力(大于 50 MPa)下试样的材料参数,无法从炸药边界处开始计算珊瑚砂中的爆炸波,因此将采用各试验中第一层传感器测到的应力时程曲线作为应力边界施加在模型之上,进而计算后续爆炸波应力峰值的衰减规律。

1. 干燥珊瑚砂中球面爆炸波应力峰值的衰减

采用显示动力学分析软件 AUTODYN-2D 进行建模及计算。考虑到球面波的对称性,建立如图 3.61 所示的 1/4 轴对称几何模型。模型内径为 10 cm,外径为 100 cm。沿径向将模型划分为 900 个单元,沿环向划分为 80 个单元。对模型内径上的单元施加应力边界条件,对模型在 x 轴和 y 轴上的节点施加环向速度为 0 的边界条件。测点设置在边界位于 x 轴上的单元,测点间距为 5 cm。

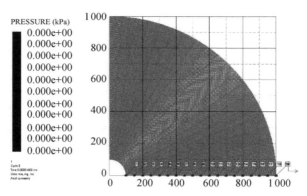

图 3.61　干燥珊瑚砂数值计算几何模型

选用"Compaction"状态方程和"Granular"强度模型建立珊瑚砂的材料模型。这两种模型均属于分段线性计算模型,因此可以作为本节获得的压力-密度关系及屈服函数的近似形式。

表 3.21　DCS64-1 试验中珊瑚砂材料参数

瞬时密度 /(g·cm⁻³)	静水压力 /MPa	强度 /MPa	体积模量 /GPa	声速 /(km·s⁻¹)	剪切模量 /GPa
1.37	0	0	0.15	0.21	0.06
1.57	8.05	9.49	0.98	0.79	0.75
1.67	14.30	16.51	1.40	0.92	1.09
1.75	19.54	22.20	1.74	1.00	1.37
1.85	29.72	32.72	2.15	1.08	1.71
1.95	42.67	45.20	2.57	1.15	2.06
2.05	58.95	59.62	2.99	1.21	2.40
2.15	79.19	75.81	3.41	1.26	2.75
2.25	104.08	93.50	3.83	1.30	3.09
2.35	134.43	112.33	4.24	1.34	3.43

对于"Compaction"状态方程,其卸载模量通过体积声速的形式表达:

$$C_B = \sqrt{\frac{K_e}{\rho}} \tag{3.74}$$

式中,C_B 为介质的体积声速;K_e 为介质的弹性体积模量;ρ 为介质的瞬时密度。

DCS64-1 试验中试样的初始密度为 1.37 g/cm³,其加载曲线、屈服函数、弹性压缩模量以及弹性剪切模量分别按式(3.66)、式(3.64)和式(3.71)确定,与之对应的 AUTODYN 软件中的模型参数如表 3.21 所示。

将 DCS64-1 试验中 10 cm 处传感器测得的应力时程曲线中的卸载段按指数函数拟合后,作为应力边界条件施加在几何模型之上,相应的原始数据及拟合边界条件如图 3.62 所示。

图 3.63 所示为数值模拟计算结果与试验数据的对比,由图可知,在爆心距等于 10～60 cm 范围内,计算结果与试验数据吻合较好;而对于爆心距等于 80 cm 的测点,计算结果要比试验数据小 20%。这是因为 SHPB 设备无法精确测量砂土在低应力下的变形规律,因此标定得到的模型参数具有较大误差。

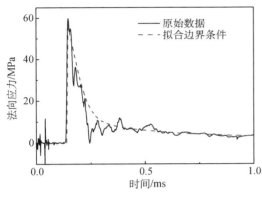

图 3.62　干燥珊瑚砂数值模拟的边界条件

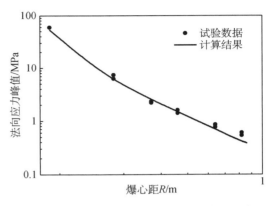

图 3.63　干燥珊瑚砂中爆炸波应力峰值衰减

2. 潮湿珊瑚砂中球面爆炸波应力峰值的衰减

对于潮湿珊瑚砂中球面爆炸波应力峰值衰减的计算,选用 WCS64-1 试验结果作为对比。在 WCS64-1 试验中,10 cm 测点处的传感器受爆炸波作用而损毁,因此只能采用 20 cm 测点处的数据作为边界条件。建立如图 3.64 所示的 1/4 轴对称几何模型,其中内径为 20 cm,外径为 100 cm。

将 WCS64-1 试验中 20 cm 处传感器测得的应力时程曲线中的卸载段按指数函数拟合后,作为应力边界条件施加在几何模型之上,相应的原始数据及拟合边界条件如图 3.65 所示。

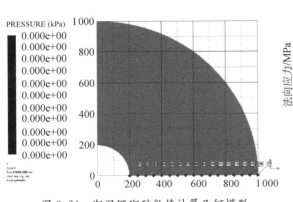

图 3.64　潮湿珊瑚砂数值计算几何模型

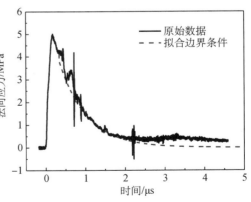

图 3.65　潮湿珊瑚砂数值模拟的边界条件

在 WCS64-1 爆炸试验中,试样的含水率为 10%,干密度为 1.40 g/cm^3。而根据 SHPB 试验结果标定的模型参数对应于含水率为 10%、干密度为 1.42 g/cm^3 的珊瑚砂。

由式(3.66)和式(3.67)可知,当压力小于 10 MPa 时,试样密度降低 0.02 g/cm³ 所造成的静水压力变化小于 10%。另外,DCS64-1 和 DCS64-2 两发爆炸试验的结果也显示,爆炸试样密度轻微的变化不会对应力峰值的衰减规律造成明显影响。因此,本节将采用干密度为 1.42 g/cm³ 的试样模型参数,计算 WCS64-1 试验中爆炸波的传播规律,相应的材料参数如表 3.22 所示。

表 3.22　WCS64-1 试验中珊瑚砂材料参数

瞬时干密度 /(g·cm⁻³)	瞬时密度 /(g·cm⁻³)	压力 /MPa	强度 /MPa	体积模量 /GPa	声速 /(km·s⁻¹)	剪切模量 /GPa
1.42	1.562	0.00	0.00	0.39	0.37	0.06
1.43	1.573	1.39	1.23	0.40	0.53	0.27
1.44	1.584	2.68	2.35	0.44	0.55	0.30
1.45	1.595	3.72	3.25	0.48	0.58	0.34
1.46	1.606	4.54	3.94	0.52	0.60	0.37
1.47	1.617	5.24	4.54	0.56	0.62	0.41
1.48	1.628	5.53	4.78	0.61	0.64	0.44
1.58	1.738	9.28	7.87	1.02	0.81	0.79
1.68	1.848	14.87	12.25	1.44	0.93	1.13
1.78	1.958	21.00	16.79	1.86	1.02	1.47

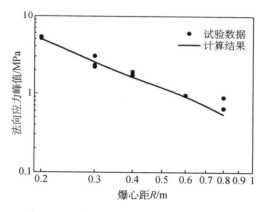

图 3.66　潮湿珊瑚砂中爆炸波应力峰值衰减

将计算结果及试验数据汇总于图 3.66 中,由图可知,当爆心距等于 80 cm 时,计算结果比试验数据小约 20%。该误差产生的原因与干燥珊瑚砂中相同,即 SHPB 设备无法精确测量砂土在低应力下的变形规律,因此标定得到的模型参数含有较大误差。

通过对比图 3.63 和图 3.66 可知,本章所建立的弹塑性本构方程可以较为准确地计算应力峰值在 1~60 MPa 范围内爆炸波应力峰值的衰减规律。当爆炸波应力峰值小于 1 MPa 时,计算结果比试验数据小约 20%。

参考文献

[1] 谢定义.非饱和土土力学[M].北京:高等教育出版社,2015.

[2] 钱七虎,王明洋.岩土中的冲击爆炸效应[M].北京:国防工业出版社,2010.

[3] 方秦,柳锦春.地下防护结构[M].北京:中国水利水电出版社,2010.

[4] Л Н 谢多夫.力学中的相似方法与量纲理论[M].北京:科学出版社,1982.

[5] ZAKHAROV S D, LYAKHOV G M, MIZYAKIN S D. Determination of the dynamic compressibility of soil based on the parameters of plane detonation waves[J]. Journal of Applied Mechanics and Technical Physics, 1972, 13(1): 126-130.

[6] ЛЯХОВ Г М. Волны в грунтах и пористых многокомпонентных средах[M]. 杨莉,译. Наука. Гл.

ред. физ. -мат. лит. ，1982.

［7］ VOVK A A，KRAVETS V G，LYAKHOV G M，et al. Experimental determination of the blast-wave parameters and viscoplastic characteristics of soils［J］. Soviet Applied Mechanics，1977，13(7)：710-715.

［8］ 李永池. 波动力学［M］. 合肥：中国科学技术大学出版社，2015.

［9］ 奥尔连科. 爆炸物理学［M］. 孙承纬，译. 北京：科学出版社，2011.

［10］ 汤文辉. 冲击波物理［M］. 北京：科学出版社，2011.

［11］ 贺迎喜，董志良，杨和平，等. 吹填珊瑚礁砂(砾)用作海岸工程填料的压实性能研究［J］. 中外公路，2010，30(6)：34-37.

［12］ 徐学勇. 饱和钙质砂爆炸响应动力特性研究［D］. 武汉：中国科学院研究生院(武汉岩土力学研究所)，2009.

［13］ 贾永胜，王维国，谢先启，等. 低含水率砂土和饱和砂土场地爆炸成坑特性实验［J］. 爆炸与冲击，2017，37(5)：799-806.

［14］ 穆朝民，任辉启，辛凯，等. 变埋深条件下土中爆炸成坑效应［J］. 解放军理工大学学报：自然科学版，2010，11(2)：112-116.

［15］ 施鹏，邓国强，杨秀敏，等. 土中爆炸地冲击能量分布研究［J］. 爆炸与冲击，2006，26(3)：240-244.

［16］ KRAUTHAMMER T. Modern protective structures［M］. CRC Press，2008.

［17］ Г М 梁霍夫 G M. 岩土中爆炸动力学基础［M］. 刘光寰，王明洋，译. 南京：工程兵工程学院，1993.

［18］ Г И 波克罗夫斯基，И С 费多罗夫. 在变形介质中冲击与爆破作用［M］. 刘清荣，黄文彬，译. 北京：中国工业出版社，1965.

［19］ 中华人民共和国住房和城乡建设部，国家市场监督管理总局. 土工试验方法标准：GB/T 50123—2019［S］. 北京：中国计划出版社，2019.

［20］ 王帅，雷学文，孟庆山，等. 侧限条件下高压对钙质砂颗粒破碎影响研究［J］. 建筑科学，2017，33(5)：80-87.

［21］ 张家铭，汪稔，石祥锋，等. 侧限条件下钙质砂压缩和破碎特性试验研究［J］. 岩石力学与工程学报，2005，24(18)：3327-3327.

［22］ 张家铭，张凌，蒋国盛，等. 剪切作用下钙质砂颗粒破碎试验研究［J］. 岩土力学，2008，29(10)：2789-2793.

［23］ 张家铭，邵晓泉，王霄龙，等. 沉桩过程中钙质砂颗粒破碎特性模拟研究［J］. 岩土力学，2015，36(1)：272-278.

［24］ BARR A D. Strain-rate effects in quartz sand［D］. Sheffield：University of Sheffield，2016.

［25］ MARSAL R J. Large-scale testing of rockfill materials［J］. Journal of the Soil Mechanics and Foundations Division，1967，93(2)：27-43.

［26］ LEE K L，FARHOOMAND I. Compressibility and crushing of granular soil in anisotropic triaxial compression［J］. Canadian Geotechnical Journal，1967，4(1)：68-86.

［27］ HARDIN B O. Crushing of soil particles［J］. Journal of Geotechnical Engineering，1985，111(10)：1177-1192.

［28］ 朱长歧，陈海洋，孟庆山，等. 钙质砂颗粒内孔隙的结构特征分析［J］. 岩土力学，2014，35(7)：1831-1836.

［29］ COOP M R，SORENSEN K K，BODAS FREITAS T，et al. Particle breakage during shearing of a carbonate sand[J]. Géotechnique，2004，54(3)：157-163.

[30] 王帅，雷学文，孟庆山，等. 侧限条件下高压对钙质砂颗粒破碎影响研究[J]. 建筑科学，2017，33(5)：80-87.

[31] 李广信. 土力学[M]. 北京：清华大学出版社，2013.

[32] HENRYCH J. 爆炸动力学及其应用[M]. 熊建国，译. 北京：科学出版社，1987.

[33] 王占江. 岩土中填实与空腔解耦爆炸的化爆模拟实验研究[D]. 长沙：国防科学技术大学，2003.

[34] GOLDENBERG C，GOLDHIRSCH I. Force chains，microelasticity，and macroelasticity[J]. Physical Review Letters，2002，89(8)：084302.

[35] HIDALGO R C，GROSSE C U，KUN F，et al. Evolution of percolating force chains in compressed granular media[J]. Physical Review Letters，2002，89(20)：205501.

[36] LIU C H，NAGEL S R，SCHECTER D A，et al. Force fluctuations in bead packs[J]. Science，1995，269(5223)：513-515.

[37] MAJMUDAR T S，BEHRINGER R P. Contact force measurements and stress-induced anisotropy in granular materials[J]. Nature，2005，435(7045)：1079.

[38] 王礼立. 应力波基础[M]. 北京：国防工业出版社，1985.

[39] GRIGORIAN S S. On basic concepts in soil dynamics[J]. Journal of Applied Mathematics and Mechanics，1960，24(6)：1604-1627.

[40] GRIGORIAN S S. On a solution of the problem of an underground explosion in soft soils[J]. Journal of Applied Mathematics and Mechanics，1964，28(6)：1287-1301.

[41] 李广信. 高等土力学[M]. 北京：清华大学出版社，2004.

[42] 王礼立，胡时胜，杨黎明，等. 材料动力学[M]. 合肥：中国科学技术大学出版社，2016.

[43] AN J. Soil behavior under blasting loading[D]. Nebraska：the University of Nebraska，2010.

[44] 丁育青. 非饱和黏土动态力学特性及其本构关系研究[D]. 长沙：国防科学技术大学，2013.

[45] TONG X L，TUAN C Y. Viscoplastic Cap Model for soils under high strain rate loading[J]. Journal of Geotechnical and Geoenvironmental Engineering，2007，133(2)：206-214.

[46] 陈惠发，A F 萨利普. 弹性与塑性力学[M]. 余天庆，王勋文，刘再华，译. 北京：中国建筑工业出版社，2004.

[47] 陈惠发，A F 萨利普. 混凝土和土的本构方程[M]. 余天庆，王勋文，刘西拉，等，译. 北京：中国建筑工业出版社，2004.

[48] LUNDBORG N. Strength of rock-like materials[J]. International Journal of Rock Mechanics and Mining Sciences & Geomechanics Abstracts，1968，5(5)：427-454.

[49] ABDEL-MALEK S，MEYER L W，HERZIG N. Mechanical behavior of sand under high pressure and high strain rate[C]//EPJ Web of Conferences. EDP Sciences，2012，26：01018.

[50] YANKELEVSKY D Z，KARINSKI Y S，FELDGUN V R. Re-examination of the shock wave's peak pressure attenuation in soils[J]. International Journal of Impact Engineering，2011，38(11)：864-881.

[51] KARINSKI Y S，FELDGUN V R，YANKELEVSKY D Z. Effect of soil locking on the cylindrical shock wave's peak pressure attenuation[J]. Journal of Engineering Mechanics，2009，135(10)：1166-1179.

第 4 章

饱和珊瑚砂爆炸液化

    土中爆炸会产生一个持续时间仅在毫秒之内的应力波,在其传播过程中,孔隙水、气泡以及固体颗粒均会被压缩,残余孔隙水压力会随之产生。若残余孔压与土体总应力相等,则发生爆炸液化。与地震液化相比,爆炸液化更加复杂。在地震荷载下,土体的运动主要位于水平面上。而在爆炸荷载下,压缩应力波虽占据了能量的主体,但剪切波也是一个重要的组成,所以不仅径向而且切向均会产生较大的应变。此外,爆炸荷载产生的加速度大于地震荷载,并且爆炸荷载的频率可高达 100 Hz,远大于地震荷载。因此,开展爆炸模型试验研究十分有必要。

    如前所述,珊瑚砂较一般陆源砂显著不同的是颗粒多孔隙且易破碎。颗粒的易破碎使得应力波在珊瑚砂中传播,能量耗散快。颗粒的多孔隙(含有封闭的内孔隙),意味着珊瑚砂的渗透性好,即使位于地下水位以下,珊瑚砂中也存在着少量的封闭气泡。只要不是完全饱和的砂土,毛细张力均会产生,颗粒间就会存在明显的黏聚力。此外,水气混合物的体积模量远小于水的体积模量。对于饱和砂土,仅 1% 的气体含量就会使其孔隙流体的体积模量下降一个数量级。本章将着重介绍爆炸荷载作用下三相饱和珊瑚砂的动力响应特征。

4.1 爆炸荷载下三相饱和珊瑚砂的动力特性

4.1.1 试验设计

1. 试验装置

    为评估珊瑚砂地基的液化势,本节介绍了大尺寸爆炸模型试验。为了顺利进行试验,加工了直径为 2.0 m、高 2.0 m 的不锈钢圆柱形装置。为了便于试验操作,该装置由上下两部分组成,上下两层高度分别为 1 m。两部分之间使用螺栓连接,中间添加直径为 2 m 的 O 形圈,保证接触处的密封。试验装置如图 4.1 所示。

    考虑到传感器是从下至上按不同高度布置的,为了方便传感器连接线的引出,在装置壁面开了 14 个螺纹小孔。装置下部从下往上,每隔 20 cm 为一层,每层分布 2 个小孔,共 4 层;装置的上部从上往下,每隔 20 cm 为一层,每层分布 2 个小孔,共 3 层。为保证装置的密封性,根据传感器连接线的直径大小,每个小孔配备了定制的 M 型尼龙塑料电缆防水接头,接头结构如图 4.2 所示。该接头结构可使传感器连接线与其紧密贴合,保证了较好的防水密封效果。

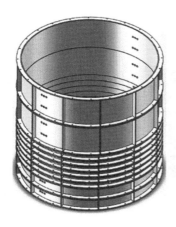

图 4.1　试验装置

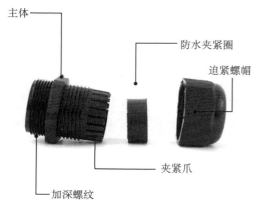

图 4.2　防水接头结构示意图

此外,在装置壁面互相垂直的两条直径方向,从下往上每层开 4 个螺纹小孔,每层间距 20 cm,以连接水龙头,达到分层注水的目的。同时,当下层开始注水时,可以通过上层小孔确定砂样内部水位上升情况。

2. 炸药类型

本试验采用的炸药是 TNT,由雷管起爆。炸药为球状,由专业人员制作而成。药球由两个半球通过虫胶粘结而成。雷管嵌入其中一个半球中心,用于起爆。

3. 传感器参数及其分布

为了研究爆炸荷载下饱和珊瑚砂的响应特征,沿试样垂直方向分别布置了 3 个土压力传感器、7 个孔隙水压力传感器和 7 个加速度传感器,均为压电式传感器。在装置下部,传感器分布于其中心方向,分别距底部 20 cm,40 cm 和 60 cm,每一处布置了土压力传感器、孔隙水压力传感器和加速度传感器各 1 个。在装置上部,由于需要在中心处装药,所以传感器分布在距中心轴线 10 cm 的垂直方向,分别距装置上沿 20 cm,40 cm 和 60 cm,每一处布置了孔隙水压力传感器和加速度传感器各 1 个。此外,在装置中心水平方向,距中心 60 cm 处,布置了加速度传感器和孔隙水压力传感器各 1 个。传感器的编号及其安装的相对位置如图 4.3 所示。本试验中孔隙水压力传感器不仅用于测量瞬时孔隙水压力,还可以测量孔隙水压力的长时消散,避免引入压强计带来的测量滞后。因此,孔压传感器根据与爆源距离的不同,选择了不同量程,以提高测量精度。此外,对应的压力传感器和加速度传感器也根据与爆源距离的不同选择了不同量程,具体参数如表 4.1 所示。

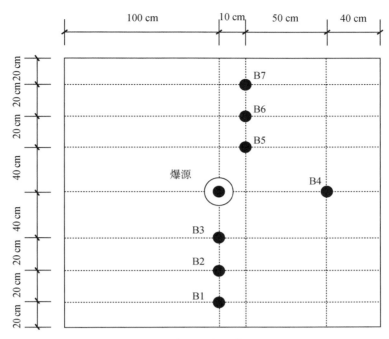

图 4.3　传感器分布垂直剖面图

表 4.1　传感器参数

编号(加速度)	量程/($\times 10^4$ m·s^{-2})	编号(孔压)	量程/kPa	编号(土压)	量程/MPa
B1-a	1	B1-w	500	B1-p	2
B2-a	1	B2-w	1 000	B2-p	5
B3-a	5	B3-w	5 000	B3-p	10
B4-a	1	B4-w	1 000		
B5-a	5	B5-w	5 000		
B6-a	1	B6-w	500		
B7-a	1	B7-w	200		

4. 试验准备

本章与第 2 章单调荷载试验所用的珊瑚砂是同一批从南海海域运送回来的砂样,其物理性质相同。

由于爆炸液化试验所用珊瑚砂量达十几吨,为此特地定制了大型筛子,筛选了粒径小于 2 mm 的砂样。为了便于珊瑚砂的压实,同时尽量达到砂样的均匀,在装样前,按照 30% 的含水比例,通过搅拌机对珊瑚砂进行了水、砂的混合搅拌。搅拌后,采用分层压实装样。每次搅拌 300 kg,然后即刻进行装样,同时另一批砂样开始搅拌。将砂样均匀铺在装置上后,利用打夯机压实,以达到模拟地基的效果。为了尽量达到砂样垂直方向的均匀,确保每次压实过程中打夯机打夯的时间、路径以及次数是一致的。在分层装样过程中，当装样高度达到传感器布置位置时，暂停装样，立即在砂样中心位置布置传感器，确保每层传感器的受力面在同一水平面。

　　装样完成后，为了确定试样的均匀性，选择了三个分别相距 60 cm 的点为测点，利用环刀取土钻在三个测点位置分别从顶面到底面各取了 20 个样。通过称量得到三个测点垂直方向的平均密度分别为 1.80 g/cm^3，1.87 g/cm^3 和 1.91 g/cm^3，对应的标准差分别为 0.044，0.066 和 0.044。由此可以认为整个试样的上下均匀度是较好的。而水平方向，以三个测点同一深度位置的数据进行计算，得到密度的标准差最小为 0.101，最大为 0.203。考虑到测点数量的问题，可以认为整个试样水平方向的均匀度也是相对较好的，基本达到试验要求。

　　此外，通过轻贯试验得到锤击数 N_{10} 在 42 ~ 44 之间，由此可以估算地基承载力为 $R = 8 \times N_{10} - 20 = 316 \sim 332$ kPa。参照标贯锤击数与容许承载力的关系，可以得到等效的标贯锤击数约为 32。通过对砂土标贯数据的统计分析，得到砂土标贯数与相对密度的关系式为

$$D_r = \alpha \sqrt{(N_1)_{60}} \qquad (4.1)$$

式中，α 是取决于土类的计算参数，与粒径大小呈反比关系，介于 12.5（粗砂）~ 14.6（细砂）之间。

　　由式（4.1）可估算得到试样的相对密度为 82.6%。而由环刀取土钻取得的试样经烘干得到其干密度平均值为 1.415。结合珊瑚砂试样的最大和最小干密度，计算得到试样的相对密度为 85.3%。由此可见，由轻贯锤击数简单换算得到的标贯锤击数是相对合理的。因此，该标贯锤击数可以用来进一步估算珊瑚砂的力学参数，作为试验分析的参考。结合马良荣等[1]得到的标贯数与砂土参数间的关系式，计算得到了珊瑚砂的参数，如表 4.2 所示。由于珊瑚砂特殊的颗粒性质，估算得到的参数仅作参考。

表 4.2　珊瑚砂参数估算

天然孔隙比 e	内摩擦角 $\varphi/(°)$	压缩模量 E_s/MPa	剪切波速 $V_s/(\text{m} \cdot \text{s}^{-1})$
0.55	35.41	21.679	269.618

　　环刀取样完成后，在留下的钻孔中放置 PVC 管，以观察水位情况。在 PVC 管的底端加装过滤网，防止砂土阻塞。PVC 管放置完成后，开始从装置底端逐层注水。在注水过程中，可以通过上层水龙头的开关观察水位的上升情况。同时，也可以通过观测 PVC 管确定水位。当上一层水龙头的开关打开，有水喷出，则认为水位已经上升到该位置，然后关闭该层水龙头，开始从上层水龙头注水。如此往复，一直到水位漫过砂土表层，如图 4.4 所示。由图可以发现，大量的气泡从砂土内部涌出。为了尽量将气体排出，将砂样静置三天再开始试验。

5. 饱和度的确定

　　正如本章开头所述，饱和度对砂土的爆炸特性影响巨大。因此，饱和度的确定是至关

重要的。在饱和砂土液化试验中,一般会通过压缩波速来确定砂样的饱和度。当压缩波速超过 1 500 m/s 时,认为砂样是完全饱和的。考虑到珊瑚砂颗粒中存在封闭内孔隙,并且试样所采用的水并不是经过处理的无气水,所以本试验中,虽然珊瑚砂试样处于水位以下,但其饱和度并不能完全达到100%。当然,通过反压装置、抽真空或长时间静置试样等方法,可以使珊瑚砂的压缩波速达到 1 500 m/s,但为此付出的代价较大。基于此,本试验在珊瑚砂三相饱和状态下开展。

图 4.4　水位至表层的试样

虽然珊瑚砂的饱和度未达到100%,但相对饱和度还需要确定,由此可以分析不同深度处气体含量是否一致,以及微量的气体含量对珊瑚砂爆炸动力特性的影响。

方法一:

压缩波速是对气体含量最敏感的参数,可以此作为参照对试样饱和度进行确定。Bardet 和 Sayed[2] 基于 Biot 两相理论,得到了准饱和砂土介质中,压缩波速的近似解。该近似解能够反映有效应力、饱和度及孔隙率对压缩波速的影响,具体的表达式如下:

$$c_0 = c_w \sqrt{\beta \left(\chi + \frac{1}{n} \right)} \tag{4.2}$$

式中,c_0 为准饱和砂土中的压缩波速;c_w 为气水混合流体压缩波速;n 为孔隙率;β,χ 和 c_w 可以分别表示为

$$\beta = \frac{1}{n + (1-n)G_s} \tag{4.3}$$

$$\chi = \frac{D}{D_f} \tag{4.4}$$

$$c_w = \sqrt{\frac{D_f}{\rho_f}} \tag{4.5}$$

式中,G_s 为砂土比重;ρ_f 为孔隙流体密度;D 和 D_f 分别为砂土的体积模量和孔隙流体的体积模量,可以分别表示为

$$D = \frac{\rho_w + G_s}{1 + e_0} v_0^{2n} \sigma'^{2n} \tag{4.6}$$

$$D_f = 1 / \left(\beta_f + \frac{1-S}{p} \right) \tag{4.7}$$

式中，ρ_w 为水的密度，等于 1 g/cm^3；e_0 为初始孔隙比；σ' 为土体有效应力；β_f 为纯水体积模量的倒数，$1/\beta_f = 2\ 140$ MPa；S 为饱和度；p 为孔隙流体内的绝对压力；v_0 可以表示为

$$v_0 = A \frac{e_c - e_0}{1 + e_0} \tag{4.8}$$

式中，A 和 e_c 为砂土材料参数，可以通过下式拟合得到：

$$c = v_0 \sigma'^m \tag{4.9}$$

式中，c 为干砂的压缩波速；m 为指数，一般取 1/4。

由式(4.2)—式(4.9)可以求得不同有效应力、不同孔隙率及不同饱和度下的准饱和砂中的压缩波速。c_w 主要与含气量和流体所受压力相关，其变化趋势如图 4.5 所示。压缩波中快波在传播过程中是轻微衰减的，在特殊情况下不发生衰减。此时，参数 χ 与孔隙率和砂土比重相关，其变化趋势如图 4.6 所示。通过波到达加速度传感器的时间差异，计算得到埋深 0.5 m 和 1.5 m 处的平均压缩波速分别为 141.3 m/s 和 315.2 m/s。试样相对密度为 85.3%，对应的孔隙率 $n = 0.496$，珊瑚砂的比重 $G_s = 2.806\ 5$，由图 4.6 可以近似确定 $\chi = 2.111$。结合不同埋深处静水压与静土压的大小，可由式(4.2)计算得到埋深 0.5 m 和 1.5 m 处 c_w 分别为 96.14 m/s 和 214.45 m/s。结合图 4.5 可以近似确定埋深 0.5 m 和 1.5 m 处的饱和度 S 分别为 99.999 70% 和 99.999 73%。由于所采用的是近似解，并且在计算波速时，所使用的参数 χ 的值仅在压缩快波不衰减的情况下才成立。因此，该方法得到的砂样的饱和度高于实际情况。

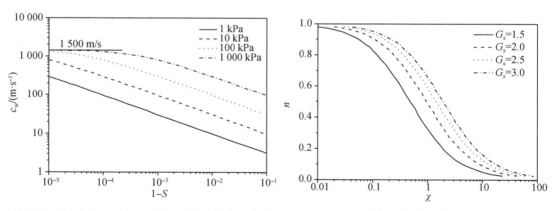

图 4.5　不同静水压下水中压缩波速与饱和度的关系　　　图 4.6　不衰减压缩波对应的 χ，n，G_s 值

细微的气体含量差异会使孔隙流体的力学特性在爆炸作用下相差很大。例如，孔隙流体的体积模量是与静水压力、饱和度密切相关的。根据 Bardet 和 Sayed[2] 的研究成果，可以得到埋深 0.5 m 和 1.5 m 处的孔隙流体体积模量分别约为 10.25 MPa 和 42.1 MPa。

方法二：

美国的 *Fundamentals of Protective Design for Conventional Weapons*（TM5 -885-1）中提到，在球面波作用下，给定距离处的压力波形可以简化为有升压时间的三角形衰减荷载，升压时间满足以下关系：

$$t_r = 0.1 \frac{R}{C_R} \tag{4.10}$$

式中，t_r 为升压时间；C_R 为给定距离 R 处的平均地震波速，m/s。C_R 的取值与气体含量直接相关，具体对应关系如表 4.3 所示。

表 4.3 不同气体含量 α_1 对应的 C_R 值

$\alpha_1/\%$	4	3	2	<1
C_R	550	860	1 180	1 600

试验中由土压力传感器测得的压力时程曲线如图 4.7 所示。由图可知，本试验球形装药爆炸下形成的球形波是满足简化为有升压时间的三角波条件的。因此，根据试验测得的压力升压时间，可由式（4.10）确定对应距离处平均地震波速 C_R。结合表 4.3，就可以确定气体含量。不同距离处升压时间与对应的平均地震波速 C_R 和气体含量如表 4.4 所示。

表 4.4 不同距离处升压时间与对应的平均地震波速 C_R 和气体含量

距离 R/m	升压时间/ms	$C_R/(\text{m} \cdot \text{s}^{-1})$	$\alpha_1/\%$
0.4	0.04	1 000	2.64
0.6	0.04	1 500	1.20
0.8	0.05	1 600	<1

由表 4.4 可知，随着深度的增加，气体含量是降低的。这表明随着有效应力的增大，砂样的饱和度是逐渐提高的。对于三相饱和砂土而言，由于饱和度的提高，对应的压缩波速会随之增大，这与方法一中表现的趋势是一致的。由此可以估算装置下部试样对应的饱和度 S 在 97.36%～100% 之间。

方法三：

在《岩土中的冲击爆炸效应》[3] 一书中，认为球面爆炸波在饱和土中的传播，在给定距离上的压力满足直线升压到峰值，而后遵循指数衰减的规律（图 4.7）。其中，升压时间与比例爆距满足以下关系：

$$t_r = 0.007 \alpha_1 R / \sqrt[3]{Q} \tag{4.11}$$

式中，R 为爆心距（m）；Q 为炸药当量（kg）；$R/\sqrt[3]{Q}$ 为比例爆距（m/kg$^{1/3}$）。

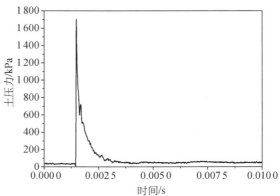

图 4.7 典型土压力时程曲线

由式(4.11)可知,试验中不同比例爆距对应的升压时间和气体含量如表4.5所示。

表4.5　不同比例爆距对应的升压时间和气体含量

比例爆距/(m·kg$^{-1/3}$)	升压时间/ms	气体含量 α_1/%
1	0.04	0.572
1.5	0.04	0.381
2	0.05	0.357

由表4.5同样可以发现,随着埋深的增加,气体含量同样是降低的。由该方法确定的装置下部砂样饱和度 S 在99.428%~99.643%之间。

三种方法估算的饱和度均未达到100%,表明试样未完全饱和,但是试样上下整体饱和度均在97%以上。根据土工规范,饱和度在80%以上就可作为饱和砂。但考虑到爆炸模型试验中百分之零点几的气体含量都会对砂土动力特性产生很大的影响,因此,本试验中的砂样可认为是三相饱和状态(97%<S<1)。

6. 试验方案

试验开始前,首先将所有传感器按照编号顺序连接到数据采集系统,并进行测试,观察所有传感器是否正常工作。装样时在中心位置预留一根PVC管,如图4.4所示。在确定仪器一切运行正常之后,用细木杆轻轻地将药球推至指定位置。由于试样在固结过程中,PVC管确定的中心位置会上下有所变动,因此在固定好药球后,重新测量药球埋深。然后将PVC管缓慢旋转拔出,用搅拌过的珊瑚砂填充孔洞,并轻轻捣实。

装药完成后,架设视频摄像机,并连接起爆器。然后以1M采样率开始采集数据,同时起爆。起爆约30 s后,改用100采样率进行长时采样,采样时间为30~45 min。数据采集完成后,静置24 h,然后开始下一组试验。下一组试验开始时,首先在中心位置钻孔,当孔深达1 m后,将PVC管放置其中,支撑孔壁。其后重复上述操作,完成后续试验。

爆炸对饱和砂动力特性的主要影响因素包括炸药当量、起爆方式和爆心距。同时,考虑到孔隙水压力传感器不仅要测量爆炸瞬时的峰值孔压,还要测量长时间孔压的变化。这就要求传感器的量程不仅要大,而且测量精度同时也要足够高。但在传感器的生产中,这两个参数指标是相互制约的,即量程大则精度必然降低,反之,精度高则量程小。基于此,本试验主要开展了 8 g,27 g 和 64 g 三种小当量试验,减小了爆炸产生的峰值孔压范围,这使得对传感器的量程要求降低,从而提高了测量的准确度。此外,增加了两组100 ms延迟起爆。具体的试验方案如表4.6所示。

表4.6　试验方案

编号	起爆方式	炸药当量/g	埋深/cm
S1	单点	8	95
S2	单点	27	92
S3	单点	64	100
M1	两点100 ms延迟	8,16	80,77
M2	三点100 ms延迟	27,27,27	100,100,100

4.1.2　试验结果分析

在爆炸荷载作用下,孔隙水压力的发展过程可以分成以下三个阶段。

Ⅰ:爆炸波传播阶段。在爆炸波的传播阶段,瞬态孔压会达到峰值,且时间与峰值应力出现的时间基本上是相同的。随后,孔隙水压力会随着总应力的减小而急剧降低。

Ⅱ:残余水压力累积阶段。在总应力衰减为零后,孔隙水压力就进入累积阶段,持续时间较第一阶段有长有短。在小当量试验中,一般仅有几个加卸载过程。

Ⅲ:残余水压力消散阶段。当孔隙水压力稳定后,开始进入消散阶段,即土的重固结过程。其持续时间短则几分钟,长达几天,是远长于第二阶段的。

本试验测得的典型的瞬时孔压发展过程如图 4.8 所示,分别对应试验 S1,S2 和 S3 中测点 B1 处的孔隙水压力发展过程。由图可知,不同当量下孔隙水压力的变化规律基本是一致的。孔隙水压力分别在 3.07 ms,3.1 ms 和 3.33 ms 时刻达到了峰值,而对应的峰值应力却在 0.4 ms 左右上升到峰值。孔隙水压力的测量出现了滞后(约慢 2.8 ms),并未与峰值应力基本同时达到峰值。这与传感器的灵敏度及其布置的相对位置是密切相关的。

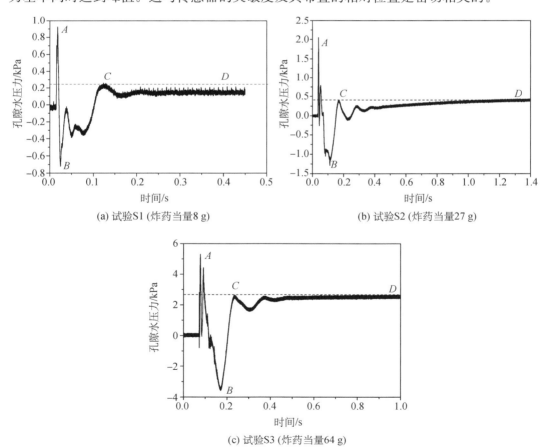

(a) 试验S1 (炸药当量8 g)　　　　　　(b) 试验S2 (炸药当量27 g)

(c) 试验S3 (炸药当量64 g)

图 4.8　试验 S1,S2 和 S3 中典型的瞬时孔压时程曲线

根据孔隙水压力的三阶段变化特征,可将试验测得的孔隙水压力时程曲线分为三个部分,分别对应三阶段(图 4.8):AB——爆炸波传播阶段;BC——残余水压力累积阶段;CD——残余水压力消散阶段。图 4.8(b),(c)中,AB 段出现的第二个峰值由爆炸波的反射引起。在本试验中,BC 段是残余水压力累积阶段,会经历 2~3 个加卸载循环,并在 C 点达到峰值。在图 4.8 中的时间梯度下,CD 段对应的孔隙水压力逐渐趋于稳定,并开始进入完全消散阶段,具体的消散过程将在 5.1.4 节具体讨论。

在多点毫秒延迟爆炸下,珊瑚砂中典型的孔压时程曲线如图 4.9 所示。与图 4.8 对比可以发现,第一发爆炸产生的峰值孔压与对应的单点爆炸下峰值孔压是一致的。因此可以认为试验具有较好的重复性。

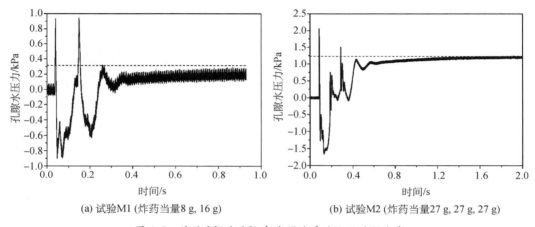

(a) 试验M1 (炸药当量8 g, 16 g)　　　　(b) 试验M2 (炸药当量27 g, 27 g, 27 g)

图 4.9　试验 M1 和 M2 中典型的瞬时孔压时程曲线

需要指出的是,多点毫秒延迟爆试验累积的峰值孔压并没有超过单点爆炸。这是因为:一方面,试验中延迟爆分别为两点和三点,孔压的累积次数不够;另一方面,因为气体的存在,会削弱孔隙水压力的累积效果。

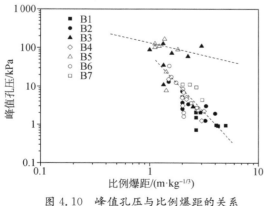

图 4.10　峰值孔压与比例爆距的关系

1. 峰值孔压与比例爆距的关系

试验中各测点得到的峰值孔压与比例爆距的关系如图 4.10 所示。在双对数坐标系中可以发现,峰值孔压与比例爆距呈线性关系,并与初始有效压力的大小无关。Studer 和 Kok[4] 通过饱和砂土爆炸模型试验,得到峰值孔压的表达式为

$$u_{pk} = \bar{\sigma}_i \left(1.65 + 0.64 \ln \frac{w^{1/3}}{r} \right)$$

(4.12)

式中,u_{pk} 为峰值孔压(kPa);$\bar{\sigma}_i$ 为初始有效应力(kPa);r 为距离(m);w 为炸药当量(kg)。

　　由此可见,在饱和砂土中,峰值孔压与初始有效应力密切相关。因此可以简单认为,微量气体的存在消除了初始有效应力对峰值孔压的影响。

　　测点 B3 和 B5 的峰值孔压与比例爆距的线性关系跟其他测点相比,呈现出明显的差异。封闭爆会在炸药周围形成爆腔,产生的冲击波会使爆源附近珊瑚砂的结构发生破坏。考虑到 B3 和 B5 是距爆心最近的两个测点,所以很有可能是由于爆腔的形成,导致该处测点峰值孔压出现了差异。对于多点延迟爆,除了第一发爆炸之外,B3 和 B5 处对应的峰值孔压与比例爆距的线性关系跟其他测点吻合较好。这进一步证明正是由于爆腔的初次形成导致近处测点峰值孔压的差异。通过对其他测点数据的拟合,可以得到峰值孔压与比例爆距的关系为

$$u_{pk} = 41.96(R^*)^{-2.57} \quad (R^2 = 0.75) \tag{4.13}$$

式中, u_{pk} 为瞬时孔压增长的峰值(kPa); R^* 为比例爆距($m/kg^{1/3}$)。

　　在饱和砂土中,骨架压缩导致的压力变化比孔隙水高数个量级。因此,峰值孔压可以近似认为等于峰值总应力。对测得的峰值土压力进行拟合,得到峰值应力与比例爆距的关系为

$$\sigma_{pk} = 1\,561.10(R^*)^{-1.3} \tag{4.14}$$

式中, σ_{pk} 为峰值应力(kPa)。

　　对比式(4.13)和式(4.14)可以发现,峰值总应力远大于峰值孔压。因为在三相饱和珊瑚砂中,由于气体的存在,孔隙流体的压缩性大大提高,与骨架相比,孔隙流体的可压缩影响不可忽略,所以峰值应力大于峰值孔压,两者不可以近似相等。

　　综合国内外饱和土爆炸试验参数,可以估算得到比例爆距为 $1\,m/kg^{1/3}$ 时不同气体含量下的峰值应力,具体如表 4.7 所示[5]。气体含量越高,则峰值应力越小。由式(4.14)可得,比例爆距为 $1\,m/kg^{1/3}$ 时,三相饱和珊瑚砂的峰值应力为 1.56 MPa,低于 4% 含气量的饱和土的峰值应力。而估算的钙质气体含量是低于 4% 的。产生这样差异的根本原因是珊瑚砂颗粒易破碎。在爆炸近区,珊瑚砂颗粒会出现大量的破碎,使得爆炸产生的冲击能量被大大损耗,加速了爆炸应力波的衰减。在破坏区和损伤区,珊瑚砂中爆炸的能量损耗是石英砂的 3~8 倍[6]。因此,在比例爆距大于 $1\,m/kg^{1/3}$ 时,珊瑚砂中的峰值应力是小于其他砂的。

表 4.7　比例爆距为 $1\,m/kg^{1/3}$ 时不同气体含量下的峰值应力

α_1/%	0	0.5	1.0	2.0	3.0	4.0
峰值应力/MPa	60	34	25	13.7	7.67	4.5

　　诸多文献中报道了饱和砂土爆炸荷载下峰值孔压的经验方程,其中部分结果如表 4.8 所示。对比峰值孔压的经验关系可以发现,三相饱和珊瑚砂中,不仅孔压的峰值大大低于其他砂,而且峰值孔压随着比例爆距衰减的速率也是高于其他砂的。由上述分析可知,颗粒易破碎使得爆炸能量在爆炸近区被大大损耗,所以相同比例爆距下,峰值应力小,产生的峰值孔压也小。加上微量气体的存在,水会占据气体被压缩的空间,进一步减缓了

孔压的上升。此外,珊瑚砂颗粒多孔隙,渗透系数高,孔压的消散也相对较快。因此,三相饱和珊瑚砂是不易发生爆炸液化的。

表 4.8　饱和砂土中峰值孔压的经验方程

经验方程	砂土类型	等效 TNT 当量/kg	参考文献
$u_{pk} = 59\,000(R^{*})^{-1.05}$			Lyakhov[7]
$u_{pk} = 50\,093(R^{*})^{-2.38}$	冲积河砂	0.006 8~2.024	Knodel, et al. [8]
$u_{pk} = 143\,000(R^{*})^{-2.34}$	尾矿砂	0.79~3.35	Al-Qasimi, et al. [9]
$u_{pk} = 47\,900(R^{*})^{-1.45}$ $D_r = 48\%$	混凝土骨料 (Poudre Valley 砂)	0.000 66~6.276	Charlie, et al. [10]
$u_{pk} = 47\,400(R^{*})^{-1.45}$ $D_r = 74\%$			
$u_{pk} = 47\,200(R^{*})^{-1.5}$ $D_r = 99\%$			

注:u_{pk}— 瞬时孔压增长的峰值(kPa);R^{*}— 比例爆距(m/kg$^{1/3}$)。

2. 峰值粒子速度与比例爆距的关系

峰值粒子速度由加速度的积分间接得到。峰值粒子速度与比例爆距的关系如图 4.11 所示。通过最小二乘拟合,三相饱和珊瑚砂中峰值粒子速度与比例爆距的经验关系为

$$PPV = 2.36(R^{*})^{-1.52} \quad (R^2 = 0.4) \tag{4.15}$$

式中,PPV 为峰值粒子速度(m/s)。

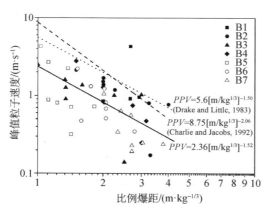

图 4.11　峰值粒子速度与比例爆距的关系

由应力波理论基础可知,峰值应力与峰值粒子速度之间满足以下关系:

$$\sigma_{pk} = (\rho_t c)PPV \tag{4.16}$$

式中,σ_{pk} 为峰值应力(Pa);ρ_t 为水-砂总密度(kg/m^3);c 为砂土中压缩波速(m/s);PPV 为峰值粒子速度(m/s)。

由试验测得三相饱和珊瑚砂的总密度为 $\rho_t = 1.973 \times 10^3$ kg/m^3,压缩波速由于与初始有效围压相关,而土压力传感器布置在装置下部,所以此处取试样下部平均压缩波速 315.2 m/s。由式(4.16)可得

$$\sigma_{pk} = 621.89PPV \tag{4.17}$$

将式(4.15)代入式(4.17),可得

$$\sigma_{pk} = 1\,467.66(R^{*})^{-1.52} \tag{4.18}$$

在本试验的比例爆距 1~5 m/kg$^{1/3}$ 范围内,式(4.18)计算得到的峰值压力与试验测

得的峰值压力[式(4.14)]相比,最大误差达 34%。因为传感器周围介质经常存在不均匀现象,使得动应力的测量相比加速度的测量而言,误差更大。因此,加速度的测量结果相对更为可靠,即式(4.18)确定的峰值应力与比例爆距的关系效果更好。

Crawford 等[11],Drake 和 Little[12]基于 100 多次的爆炸试验结果的分析,得到了球形装药封闭爆下,峰值应力、峰值粒子速度及比例爆距三者之间的关系,具体方程如下:

$$PPV = 48.8(2.52)^{-n}(R^*)^{-n} \qquad (4.19)$$

$$\sigma_{\mathrm{pk}} = 48.8(2.52)^{-n}(\rho_t c)(R^*)^{-n} \qquad (4.20)$$

关于式中 n 的取值,Drake 和 Little 建议取 1.5。而在 Charlie 等[10]的试验结果中,在松散和密实砂中,$n=1.45$;在非常密实砂中,$n=1.5$。由三相饱和珊瑚砂中爆炸模型试验得到 $n=1.52$,意味着珊瑚砂中,峰值粒子速度随比例爆距的衰减速率是与其他砂土接近的。由图 4.11 可见,虽然三相饱和珊瑚砂的峰值粒子速度低于其他饱和砂,但在比例爆距 $1\sim5\ \mathrm{m/kg^{1/3}}$ 范围内,峰值粒子速度与比例爆距的关系是与其他饱和砂接近的。此处可以认为,少量气体的存在对峰值粒子速度与比例爆距的关系影响不大。

3. 残余孔压比、峰值粒子速度、比例爆距及峰值应变的关系

残余孔压比(PPR)定义为孔隙水压力增量与初始有效应力的比值。装置下部残余孔压比与比例爆距的关系如图 4.12 所示。由于三相饱和珊瑚砂中存在气体,抑制了孔隙水压力的上升,本试验测得装置下部(埋深小于 1 m)的残余孔压比相差不大。基于此,这里忽略了初始有效应力的影响,对装置下部所有测点的残余孔压比进行最小二乘拟合,得到残余孔压比与比例爆距的关系为

$$PPR = 3.2(R^*)^{-3.27} \qquad (R^2 = 0.87) \qquad (4.21)$$

将式(4.15)代入式(4.21),可得残余孔压比与峰值粒子速度的关系为

$$PPR = 0.5(PPV)^{2.15} \qquad (4.22)$$

由于峰值应变与峰值粒子速度之间满足以下关系:

$$\varepsilon_{\mathrm{peak}} = \frac{PPV}{C_c} \qquad (4.23)$$

式中,C_c 为材料中的压缩波速(m/s);$\varepsilon_{\mathrm{peak}}$ 为峰值应变(%)。

因此,残余孔压比与峰值应变之间满足以下关系:

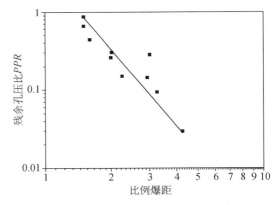

图 4.12　残余孔压比与比例爆距的关系

$$PPR = 5.9\varepsilon_{\mathrm{peak}}^{2.15} \qquad (4.24)$$

令残余孔压比 $PPR=1$,由式(4.21)、式(4.22)和式(4.24)可知,在埋深 $1\sim1.8$ m

处,三相饱和珊瑚砂发生液化时,对应的比例爆距、峰值粒子速度及峰值应变如表 4.9 所示。与其他饱和砂相比,三相饱和珊瑚砂明显是更加不易发生液化的。假设存在微量气体的影响可以忽略,即珊瑚砂中压缩波速大于 1 500 m/s,则由式(4.22)及式(4.23)可得,饱和珊瑚砂下液化阈值应变为 0.092%,约是尾矿砂及混凝土骨料砂的 2 倍,更是冲积河砂的 9 倍。一方面,因为珊瑚砂颗粒易破碎,所以导致更高的变形;另一方面,饱和珊瑚砂相比其他饱和砂,不易发生液化。

表 4.9　埋深＞1 m 处三相饱和珊瑚砂发生液化的条件

液化指标	珊瑚砂	尾矿砂	混凝土骨料砂	冲积河砂
比例爆距/(m·kg$^{-1/3}$)	＜1.4	＜6.3	＜8.2	＜3.0
峰值粒子速度/(m·s^{-1})	＞1.38	＞0.65	＞0.71	＞0.16
峰值应变/%	＞0.44	＞0.041	＞0.04	＞0.01

本次爆炸液化试验中,在埋深 0.4~0.6 m 处,试验得到的孔压比均大于 1,表明三相饱和珊瑚砂已经发生了液化。在该埋深处,对应的最大比例爆距为 2.8 m/kg$^{1/3}$,最小峰值粒子速度为 0.35 m/s。与表 4.9 所确定的液化条件相比,爆源上部珊瑚砂更易发生液化。在 20% 含水率珊瑚砂爆炸模型试验中,爆炸形成的球形腔体直径达 15 cm。基于此,在三相饱和珊瑚砂爆炸模型试验中,同样在爆源处由冲击波作用形成腔体,而这会引起上部孔隙水向中间渗入。由此可以认为,爆源上部附近易发生液化的原因与爆腔的形成是密切相关的。

理论上,多点毫秒延迟爆会引起孔隙水压力的累积,但本试验结果表明,多点毫秒延迟爆下,累积的孔压比与单点爆炸下孔压比相差不大。与其他报道的爆炸模型试验相比,原因可能主要有以下三个方面:①爆炸延迟时间长;②爆炸次数少;③砂样未完全饱和。Veyera 等[13]通过一维冲击加载试验,得到了饱和珊瑚砂的残余孔压比与累积峰值应变、初始有效应力及相对密度的关系:

$$PPR = 5.81\left(\sum \varepsilon_{peak}\right)^{0.429} \sigma_0'^{-0.176} D_r^{-0.022} \tag{4.25}$$

结合本试验条件,由式(4.25)可知,孔压比与峰值应变的关系为

$$PPR = 3.33\left(\sum \varepsilon_{peak}\right)^{0.429} \tag{4.26}$$

由式(4.26)可确定,在埋深为 1.4 m 处、相对密度为 85.3% 的饱和珊瑚砂液化的累积峰值应变应大于 0.061%,远小于式(4.24)确定的 0.44%。这表明少量气体的存在,使得珊瑚砂液化的可能性大大降低。

令残余孔压比 $PPR \leqslant 0.1$,由式(4.21)、式(4.22)和式(4.24)可知,在埋深 1~1.8 m 处,当比例爆距大于 2.9 m/kg$^{1/3}$、峰值粒子速度小于 0.473 m/s、峰值应变小于 0.15% 时,三相饱和珊瑚砂中几乎没有超孔隙水压力产生。

4.1.3　三相饱和珊瑚砂爆炸液化的物理机制

在爆炸荷载作用下,三相饱和砂的压缩变形存在两种机制:骨架和孔隙流体的压缩变

形,对应的孔隙水变化存在两种效应:积聚和消散,两者共同决定了三相饱和砂发生液化的可能性[14]。

由于土骨架与孔隙流体(水、气)的动力压缩特性之间存在差异,所以在爆炸荷载下形成了骨架与孔隙流体两种压缩机制。骨架与孔隙流体的压缩分别由其压缩模量控制,而两者压缩模量的比值与其分配的荷载比例近似呈正比。若骨架模量大,则骨架承担主要荷载;若孔隙流体模量大,则主要依靠孔隙流体承载。当压力较小时,孔隙流体更易发生压缩,主要由骨架承载,表现为非饱和土的性质;随着压力的增大,土骨架的压缩变形变得不明显,孔隙流体的压缩模量大大增加,则孔隙流体压力成为主要承载力。若孔隙流体的压力等于初始有效应力,则此时砂土发生液化。

孔隙水在动荷载作用过程中会同时表现出积聚和消散效应。若积聚作用大于消散作用,则砂土液化的可能性会增加;反之,则砂土液化的可能性会降低。两种效应的强弱与砂土的渗流效果密切相关。若砂土骨架的孔隙尺寸大,孔隙水就容易发生渗流,则孔隙水的消散快于积聚,液化可能性降低;反之,消散效应减弱,积聚作用增强,液化可能性增加。

虽然珊瑚砂的压缩性较其他一般砂更高,但由于其颗粒存在内孔隙,非饱和内孔隙会随着颗粒破碎而被释放,从而增加孔隙流体中气体的含量,使孔隙流体的压缩模量大幅减小,导致珊瑚砂骨架的压缩模量与孔隙流体的压缩模量之比高于其他一般砂,即在同样的荷载条件下,珊瑚砂中孔隙流体承担的荷载分量低于其他一般陆源砂,宏观上会表现出更高的抗液化能力。

此外,珊瑚砂颗粒表面多孔隙,且存在一定的大孔隙,如图 4.13 所示。这一特征会使得孔隙水在骨架中的渗流难度降低,则消散效应会增强,积聚作用会减弱,使得珊瑚砂的抗液化能力进一步增强。

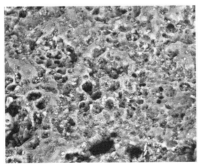

图 4.13　珊瑚砂颗粒的孔隙特征

颗粒粒径的分布及形状的不规则程度均会对孔隙水渗流产生重要影响。Wang Yin 等[15]在对南海珊瑚砂渗流系数的研究中发现,珊瑚砂的渗流系数随着不均匀系数、曲率系数的增大而增大,而随着颗粒形状不规则程度的增加而减小。结合爆炸液化的物理机制可知,级配良好的珊瑚砂渗流系数更高,对应的消散效应会更强,从而提高珊瑚砂的抗液化能力。珊瑚砂颗粒形状多样,较其他一般砂会表现出更不规则的状态,对应的渗流系数会减小,积聚作用增强,从而提高珊瑚砂液化的可能性。

珊瑚砂颗粒的破碎在爆炸的破裂及损伤区域会大量出现。颗粒的破碎会损耗大量的爆炸能量[16],导致同样爆距处施加于珊瑚砂的荷载低于其他一般砂,即无论是骨架还是孔隙流体所承担的荷载分量均低于其他一般砂,从而提高了珊瑚砂的抗液化能力。颗粒破碎同时会使颗粒非饱和内孔隙释放率提高[17],减缓孔压的上升,进一步提高珊瑚砂的抗液化能力。此外,颗粒破碎会增加细颗粒含量,细颗粒填充到孔隙中,使得砂土更加密实。由本章试验结果可知,珊瑚砂越密实,其抗液化能力越强,所以颗粒破碎导致砂土密实状态的改变同样会提高珊瑚砂的抗液化能力。

综上所述,珊瑚砂颗粒形状不规则的特征会削弱其抗液化能力,但颗粒多孔、含内孔隙及颗粒破碎会使其抗液化能力得到加强。在三者的共同作用下,珊瑚砂较其他砂一般会呈现出更高的抗爆炸液化能力,这与试验结果是一致的。

4.1.4　超孔隙水压力的长时消散

1. 超孔隙水压力的长时消散特征

爆炸应力波传播过后,超孔隙水压力会在波动中累积,直至达到峰值。峰值过后,孔隙水压力就完全进入消散状态。消散时间的长短不定,与砂土的渗透系数、应力状态、骨架结构等密切相关。测点 B1、B2 及 B4 处测得的超孔隙水压力消散过程如图 4.14 所示。

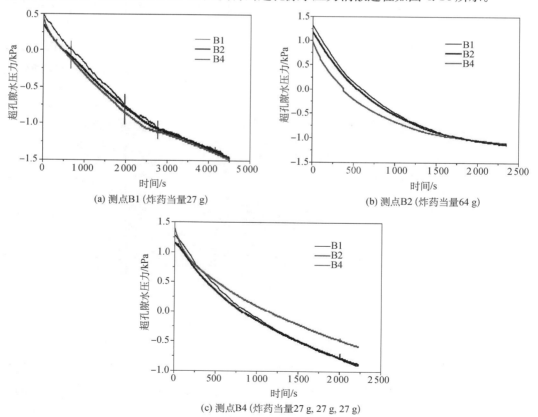

图 4.14　测点 B1、B2 及 B4 超孔隙水压力的长时消散

　　从图 4.14 中可以发现,爆炸过后,珊瑚砂内的孔隙水压力均呈现出指数型的消散。由于装置上部砂层在爆炸中上下振动,使得砂样整体孔隙度变大,以致出现了孔隙水压力小于初始孔压的现象。此外,由于加工水平的限制,装置壁面在爆炸后会出现轻微的渗水,这也是孔隙水压小于初始孔压的一个重要原因。

　　比较 B1 和 B2 处孔隙水压力的消散可以发现,不同埋深处孔隙水压力的消散速率相差不大。比较图 4.14(a)、(b)可知,炸药当量越大,爆炸后的超孔隙水压力的消散就越快。从试验中还发现,炸药当量越大,砂样表面会出现更多的裂纹,并且观察到一股浓烟沿着产生的裂缝逸出,如图 4.15 所示。炸药当量越大,砂样骨架的破坏就越严重,内部会出现更多的裂缝。更多的裂缝意味着更多的孔隙水渗流路径,这也是孔隙水压力在大当量炸药下消散较快的原因。27 g 三点延迟爆下的孔压消散相对于 27 g 单点爆炸更快,但是与 64 g 单点爆相比,两者的孔隙水压力消散率是相当的。考虑到炸药总的当量一致时,多点延迟爆下的砂土压实效果会更好,所以多点延迟爆下,砂土内部的渗流路径比同当量下单点爆炸要少。因此,多点延迟爆会减缓超孔隙水压力的消散。

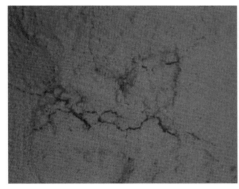

图 4.15　砂样表面局部形态

　　比较 B2 和 B4 处的超孔隙水压力可以发现,单点爆炸下,爆源水平方向的超孔隙水压力消散快于竖直方向,这是由于砂样的分层会使砂样的水平方向较竖直方向更容易发生渗流。而在多点延迟爆下,爆源水平方向的超孔隙水压力消散慢于竖直方向,这是由于本试验是深埋爆,多点延迟爆下,水平方向测点周围砂样压密程度会更高,而装置上部砂样骨架破坏会更严重,会出现更多的渗流路径。

　　由于爆炸会在爆源处形成空腔,在爆炸后的砂土重新固结过程中,其附近的超孔隙水压力变化会更复杂,与腔体的体积、稳定性等密切相关。其中,测点 B3 处典型的超孔隙水压力消散如图 4.16 所示。从图 4.16(a)可以看出,在 8 g TNT 爆炸下,超孔隙水压力的消散同样呈现出指数衰减,但在消散过程中,孔隙水压力发生了一次突增,而后以同样的速率继续消散。这一异常可能是因为爆腔的突然坍塌引起的[9]。但在图 4.16(b)中,孔隙水压力初始就出现了增大,随之开始消散,最后又出现了增大。考虑到炸药当量更大,则爆腔体积更大。在开始阶段,孔隙水会向爆腔汇聚,所以爆源附近孔隙水压力会增大。当孔隙水填满爆腔后,附近超孔隙水压力开始消散。随着孔隙水的消散,珊瑚砂重新固结,土骨架恢复强度,腔体会塌陷,从而使得爆源附近孔隙水压力再次出现增大。当然,这一解释仅是猜想,若想弄清楚具体的变化机理,还需要对爆源附近的珊瑚砂重固结过程做进一步的研究。

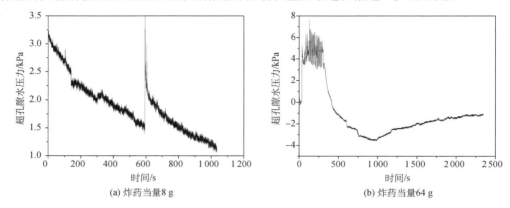

(a) 炸药当量8 g　　　　　　　　　(b) 炸药当量64 g

图 4.16　爆源附近超孔隙水压力的消散

2. 孔隙水压力消散模型

爆炸后,孔隙水压力的长时消散实质上就是砂土的重新固结过程。因此,对于爆炸后的超孔隙水压力的消散,可以通过经典的固结理论来研究。

Terzaghi[18] 在 1923 年首次提出了一维或单向固结理论,是经典的土力学内容之一。其一维固结方程共有六个假设:

(1) 土层是均质、各向同性且完全饱和的;

(2) 颗粒与孔隙水均不可压缩;

(3) 孔隙水的渗流和土的压缩方向一致(竖直方向);

(4) 渗流服从 Darcy 定律;

(5) 渗透系数 k、压缩系数 a 均为常数;

(6) 外荷载 p 瞬时一次施加且均布。

在此假设基础上,孔隙水压力满足以下方程:

$$\frac{\partial u}{\partial t} = C_v \frac{\partial u}{\partial z^2} \tag{4.27}$$

式中,

$$C_v = \frac{(1+e_1)k}{\gamma_w a} \tag{4.28}$$

式中,C_v 为固结系数;e_1 为土的初始孔隙比;γ_w 为水的比重。

在 Terzaghi 的假设基础上,初始条件和边界条件分别为

$$\begin{cases} u_{t=0} = u_0 = p \\ u_{z=0} = 0 \\ \frac{\partial u}{\partial z}\Big|_{z=H} = 0 \\ u_{t=\infty} = 0 \end{cases}$$

由此可以求得式(4.27)的解:

$$u = p \sum_{m=1}^{\infty} \frac{2}{M} \sin\left(\frac{Mz}{H}\right) \exp(-M^2 T_v) \tag{4.29}$$

式中,

$$T_v = \frac{C_v}{H^2} t \tag{4.30}$$

式中, T_v 为时间的无量纲因数; H 为土层厚度; z 为埋深; $M = \pi(2m-1)/2$。

对于水平方向的固结,Barron 给出了轴对称、等应变下的解:

$$\bar{u} = \bar{u}_0 e^{\lambda} \tag{4.31}$$

式中, $\bar{u}$ 为 t 时刻孔隙水压力的平均值; $\bar{u}_0$ 为超孔隙水压力的初始平均值; λ 为时间的函数。

由式(4.29)和式(4.31)可知,饱和土无论是竖直方向还是水平方向的孔隙水压力的渗流均随着时间呈现指数衰减。由前文的分析可知,爆炸后三相饱和珊瑚砂的孔隙水压力的消散同样是呈指数衰减,并且衰减速率与埋深无关。因此可以认为超孔隙水压力的消散满足:

$$u_e = u_{e0} e^{-at} \tag{4.32}$$

式中, u_e 为重固结过程中的超孔隙水压力; u_{e0} 为超孔隙水压力的初始值; α 为孔隙水压力消散率系数,与渗透系数、压缩系数及初始孔隙比相关。

考虑到砂样整体孔隙度增加以及壁面渗流,超孔隙水压力会出现负值,因此,式(4.32)应修正为

$$u_e = u_{e0} e^{-at} - u_r \tag{4.33}$$

式中, u_r 为因孔隙度增加、装置壁面渗流而减小的孔隙水压力。

将式(4.33)与试验结果进行拟合,试验曲线与拟合结果的比较如图 4.17 所示。对应的拟合参数如表 4.10 所示。

表 4.10　超孔隙水压力消散模型参数拟合结果

试验编号	u_{e0}/kPa	u_r/kPa	α	R^2
S2-B1	2.45	1.93	0.022	0.998
S3-B1	2.61	1.30	0.071	0.999
M2-B1	2.65	1.37	0.045	0.996
S2-B2	2.29	1.94	0.020	0.998
S3-B2	2.45	1.28	0.072	0.999
M2-B2	2.43	1.28	0.046	0.996
S2-B4	2.16	1.76	0.026	0.998
S3-B4	2.03	1.14	0.091	0.999
M2-B4	2.17	0.99	0.042	0.998

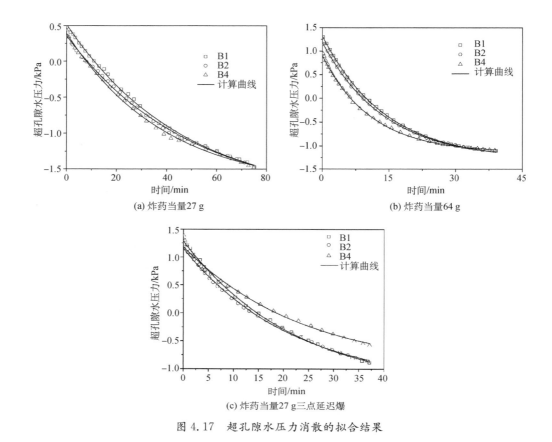

(a) 炸药当量27 g

(b) 炸药当量64 g

(c) 炸药当量27 g三点延迟爆

图 4.17　超孔隙水压力消散的拟合结果

由图 4.17 可以发现,式(4.33)可以较好地描述爆炸后三相饱和珊瑚砂中超孔隙水压力的消散。由于在转换采样率时,会有时间延误,表 4.10 中对应的 u_{e0} 是偏小的。u_r 用于确定土骨架重新固结稳定后的超孔隙水压力,在不排水条件下,应为零。但本试验中,由于装置上部砂样向上运动,使得砂样整体孔隙体积大大增加。此外,试验中发现爆炸后装置的壁面会出现渗水现象。因此,得到的 u_r 为负值。α 反映了超孔隙水压力的消散率,其值越大,消散就越快。砂土的渗透系数越大,对应的 α 就会越大;孔隙水压力开始进入消散阶段时的孔隙比越大,α 就越大;土骨架的压缩性越高,α 就越小。不同比例爆距下,土骨架结构的破坏程度不同,孔隙水压力消散前对应的初始孔隙比、压缩性及渗透系数均会有所差异,所以爆炸荷载作用下,超孔隙水压力的消散与爆炸条件密切相关。

4.2　一维冲击压缩荷载作用下饱和砂土液化特性试验装置研制

研制用于饱和土样冲击压缩研究的试验装置,主要难点在于:试验响应参数不易测定,土样的峰值应变、冲击荷载值和瞬时孔隙水压力值难以捕捉;冲击加载过程中,存在应力波的反射,得不到对应实际工况下的响应参数。

国内已报道的研究中,相关学者均通过设计或改造已有装置以满足试验需求。例如,张均锋等[19]设计了一个冲击试验装置,通过砂柱下落撞击获得向上的冲击荷载,研究分析了冲击荷载作用下三相饱和砂土试样中超孔隙水压力的建立与消散过程,以及加载后期超孔隙水压力的变化和破坏情况;罗嗣海等[20]利用 STSZ-ZD 型全自动应变控制三轴仪器改进设计了冲击装置,研究了饱和砂土在排水与不排水冲击时的动力响应和冲击后再固结性状。还有其他的一些试验研究中,所用装置也未能施加具有毫秒级上升时间的冲击荷载,而是施加连续的低频振动干扰。

本节介绍了一种饱和土样一维冲击加载装置,该装置具有结构简单、实用性强、试验参数便于控制等特点,并且能实时监测试样中孔隙水压力响应,便于对土样进行连续重复加载的试验研究,解决了对饱和土样施加一维冲击荷载并进行监测的技术问题。

4.2.1　装置原理和技术指标

1. 装置原理

饱和土(砂)是由固体颗粒构成的骨架和充满其间的水组成的两相体,土骨架是土体中相互接触的固体颗粒所形成的构架。当外力作用于土体后,一部分由土骨架承担,称为粒间力;另一部分由空隙中的水体承担,称为孔隙水压力。根据有效应力原理有:

$$\sigma = \sigma' + u \tag{4.34}$$

式中,σ 为作用在饱和土中任意面上的总应力;σ' 为有效应力,作用于同一平面上的土骨架上;u 为孔隙水压力,作用于同一平面上的孔隙水上。

饱和土的孔隙内充满水,在不排水条件下,孔隙水在冲击振动下排不出去,将出现从松到密的过渡阶段。这时颗粒离开原来的位置,但又未落到新的位置上,与四周颗粒脱离接触,处于悬浮状态,如图 4.18 所示。此时颗粒的自重,连同作用在颗粒上的荷载将全部由孔隙水承担。此时,饱和砂中产生因振动而出现的超静孔隙水压力。

疏松　　　　　　　　悬浮　　　　　　　　密实

图 4.18　液化机理

根据有效应力原理,土的抗剪强度为

$$\tau_f = (\sigma - u)\tan \varphi' \tag{4.35}$$

式中,σ 为作用在饱和土中任意面上的总应力;u 为孔隙水压力,作用于同一平面上的孔隙水上;φ' 为土的有效内摩擦角。

显然,孔隙水压力增加,抗剪强度随之减小。如果振动强烈,孔隙水压力增长很快而又消散不了,则可能发展至 $u = \sigma$,导致 $\tau_f = 0$。这时土颗粒完全悬浮于水中,成为黏滞流体,抗剪强度 τ_f 和剪切模量 G 几乎都等于零,土体处于流动状态,这就是液化现象,或称为完全液化。

2. 装置的主要技术指标

图 4.19 为研制的饱和土样一维冲击加载装置实物图。

图 4.19　装置实物图

该装置包括:气炮、围压管、试样罐、吸能装置、定位支架、滑轮支架、限位支架、可调底座、水压控制系统和脱气装置。主要技术指标如下:

(1) 水压控制系统可以实现对试样围压和孔隙水压力的实时调节,围压可以稳定在 1 MPa 以上,试样孔隙水压力可以稳定在 0.5 MPa;

(2) 可以保持围压与试样孔隙水压力有恒定压差;

(3) 围压容器内部的长径比大于 10;

(4) 可以施加峰值超过 1 MPa 的冲击荷载;

(5) 可以制备脱气水供试验使用。

4.2.2　饱和珊瑚砂一维冲击液化试验

采用饱和砂土一维冲击装置进行不排水条件下饱和珊瑚砂的冲击液化试验。试样的相对密度 D_r 和初始有效应力 σ_0' 如表 4.11 所示。

表 4.11　试样的相对密度和初始有效应力

试验序号	$D_r/\%$	σ_0'/kPa
01	10	86
02	10	172
03	10	345
04	20	86
05	20	172
06	20	345
07	40	86
08	40	172
09	40	345
10	60	86
11	60	172
12	60	345

　　试验中对围压管水压力和试样罐孔隙水压力进行长时监测,传感器选用压阻式硅膜应变计传感器,量程为 0~5 MPa,精度为 0.5%,测量端竖直向下安装,避免重力作用带来的影响。传感器测量端覆有透水石,用于隔离珊瑚砂颗粒。

1. 试验材料

　　试验所用珊瑚砂取自南海岛礁附近海域。由于岛礁地基采用喷射填充,地基中多为中、细颗粒砂,在喷射口远端,粒径大于 2 mm 的颗粒含量仅为 15%。因此,选取 2.36 mm 砂筛下的试样进行试验。使用标

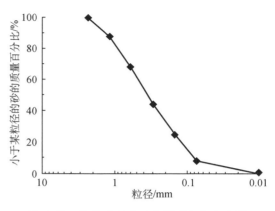

图 4.20　试验用珊瑚砂试样颗粒级配曲线

准砂筛对所用试样进行颗粒级配分析,试样的颗粒级配曲线如图 4.20 所示。

2. 装填试样

　　试验前,先将珊瑚砂烘干,根据选定的相对密度 D_r,计算装样质量。装样时将装样总质量平均分 5 层装样,使用漏斗和锥形塞进行装样。将珊瑚砂倒入漏斗,同时提高漏斗与塞杆,然后下放塞杆使锥体略离开漏斗管口,管口保持高出砂面 1~2 cm,使试样均匀落入试样罐(图 4.21)。使用压实器将各层试样密实至所需装样高度。控制前两层试样装样密度低于所需值的 5%,并对前四层试样装填后进行凿毛处理,通过这种方式使整个试样的密度相对均匀,避免出现试样内部分层,试验后的试样如图 4.22 所示,可以看出试样整体均匀,无明显分层,表明该装样方法的效果较好。试样装填后在试样罐法兰面上涂抹真空润滑脂,先后覆盖厚 0.20 mm、直径 89 mm 的铝箔和厚 0.33 mm、直径 180 mm 的乳胶膜,用压环固定。铝箔用来防止珊瑚砂颗粒嵌入甚至刺破乳胶膜,同时可以保持试样端面形状。试验中铝箔对试样形状具有较好的保护作用。装样完成后,将试样罐缓慢放置水平,安装于围压管右端,用高强度钢制螺栓和法兰垫圈将围压管与试样罐组装在一起。

图 4.21　装样工具和试样罐端面

(a) 试验后移除铝箔前后的试样端面　　(b) 试样取出后的侧面

图 4.22　试验后的试样

3. 试样饱和

试验系统组装完毕后,关闭供水管道,开启排气管道,启动脱气系统,抽去围压管和试样罐中留存的空气,持续该状态 3 h 以上。然后向围压管中注水,并逐渐关闭围压管排气孔处阀门,观察围压管中水压变化并稳定保持围压 30 min 以上。

通过控制面板调节水泵,对试样进行反压饱和,反压大小为 200 kPa。保持围压管中水压力与试验罐中孔隙水压力差值,即初始有效应力 σ'_0。缓慢开启试样罐注水孔处阀门,逐渐关闭试样罐排气孔处阀门,使水自下而上缓慢充满试样。该操作的目的是尽可能去除试样中的自由气体,以获得饱和珊瑚砂试样。自试样罐中孔隙水压力达到 200 kPa 开始,反压饱和 6 h 以上。反压饱和操作后,关闭水压控制系统与试样罐之间的阀门,并以 10 kPa 的增量逐步将围压管压力提升 70 kPa,观测该过程中的孔压响应参数 C。以试验中 08 号试样的孔压响应情况为例(表 4.12),该装置使试样获得了较好的饱和度,满足预期要求。

表 4.12　试样在反压饱和后的孔压响应情况

升压序号	$\Delta\sigma_c$/kPa	Δu/kPa	参数 C
01	10	9.6	96%
02	10	9.7	97%
03	10	9.6	96%
04	10	9.8	98%
05	10	9.5	95%
06	10	9.6	96%
07	10	9.7	97%

4. 冲击加载

本次试验中通过设定气炮的气室压力,将施加的冲击荷载峰值较好地控制在 0.9～1.0 MPa。每次加载前,推动吸能杆紧贴试样罐右端面。根据预试验的经验,每次加载完毕 210 s 后进行下一次加载较为适宜,此时压力值基本稳定,同时防止时间过长使孔隙水压力消散过度不利于液化的发生。

4.2.3　试验结果与分析

试验中获取到各次加载时,短时间内围压管中水压力和试样罐中孔隙水压力随时间的变化过程,图 4.23 为试验中 08 号试样在第 1,3,6,9 次加载时的压力时程曲线。

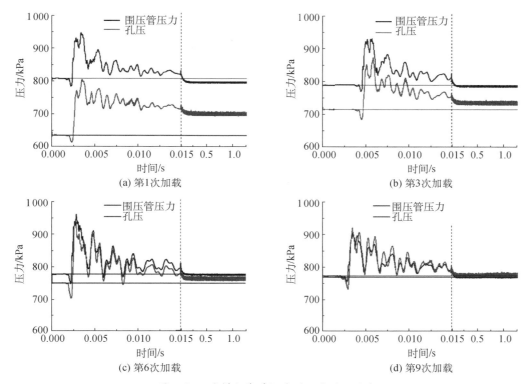

图 4.23　试样加载瞬间典型压力时程曲线

每次冲击作用下,围压管压力与试样孔压均在毫秒级上升时间内达到峰值 σ_{cpk}(即冲击荷载峰值)和 u_{pk}(峰值孔压),峰值过后伴随多次震荡快速衰减。压力时程曲线的时间轴先后使用两种分度值,以展示每次冲击加载后压力从大幅震荡快速进入短暂消散至稳定的变化过程。在这一过程中,试样孔压总是紧紧跟随围压变化,并且随着多次冲击,孔压峰值越来越接近围压峰值(即冲击荷载值)。

压力时程曲线表明,每次冲击后,孔隙水压力持续增加,这一点可以通过后期高于压力初始基线值的值来证明,这种增加称为残余超孔隙水压力 u_{res},表示高于初始条件的值。当增加到足以使试样的孔隙水压力等于围压时,有效应力等于零,试样发生液化。在整个加载至液化发生的过程中,每次冲击后试样孔压均有增加;同时,围压管压力下降,这是在围压管与试样罐组成的体积不变的封闭空间里,试样不断压缩引起的。随着试样被不断压密,一次冲击带来的围压变化量及孔压变化量逐渐减小。

各试样在承受相同次数的冲击加载后,压力情况有明显差异。05 号试样($D_r=20\%$,$\sigma_0'=172$ kPa)、08 号试样($D_r=40\%$,$\sigma_0'=172$ kPa)、09 号试样($D_r=40\%$,$\sigma_0'=345$ kPa)第 6 次冲击加载后的压力时程曲线如图 4.24 所示。相对密度 20%、初始有效应力 172 kPa 试样的孔隙水压力相对于初始有效应力增长 90.112%;相对密度 40%、初始有效应力 172 kPa 试样的孔隙水压力增长 87.675%;相对密度 40%、初始有效应力 345 kPa 试样的孔隙水压力增长 60.258%。

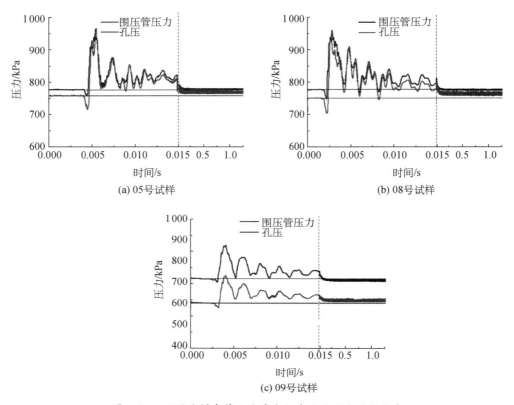

图 4.24　不同试样在第 6 次冲击加载后的压力时程曲线

1. 应力波速

压力时程曲线显示的孔隙水压力和围压的变化趋势与饱和体系的变化趋势密切相关。在各次冲击下,孔隙水压力的动态变化均大于动态压缩荷载,这一现象与通过低声阻抗材料(围压槽中的水)和更高的声阻抗材料(饱和土试样)边界应力波的一维应力波传输理论相一致。结合两个压力值变化起始点在时间轴上的差值,计算压缩应力波波速为 1 250~1 270 m/s,波速值与已有研究中饱和土的波速范围相吻合。

2. 压缩应变

根据弹性应力波传播理论,峰值压缩应变 ε_{pk} 和峰值颗粒速度 V_{pk} 的计算公式如下:

$$\varepsilon_{pk} = \frac{V_{pk}}{V_c} \tag{4.36}$$

$$V_{pk} = \frac{\sigma_{pk}}{\rho_t V_c} \tag{4.37}$$

式中,σ_{pk} 为峰值压应力;ρ_t 为总质量密度;V_c 为压应力波传播速度;$\rho_t V_c$ 为介质的声阻抗。

珊瑚砂试样的波速可由式(4.38)给出:

$$V_{mix} = \sqrt{\frac{B_{mix}}{\rho_t}} \tag{4.38}$$

式中，V_{mix} 为试样的波速；B_{mix} 为试样的体积模量；ρ_t 为试样的密度。

则试样的体积模量 B_{mix} 可由波速计算得出：

$$B_{mix} = \rho_t V_{mix}^2 \tag{4.39}$$

在珊瑚砂试样中，$V_c = V_{mix}$。假设 $\sigma_{pk} = u_{pk}$，结合式（4.39），将式（4.37）代入式（4.36），得到施加压缩冲击荷载时试样中产生的峰值压缩应变 ε_{pk}：

$$\varepsilon_{pk} = \frac{u_{pk}}{B_{mix}} \tag{4.40}$$

珊瑚砂试样受到荷载作用时，总应力增量 $\Delta\sigma$ 由土体骨架与孔隙流体同时承担：

$$\Delta\sigma = \Delta\sigma' + \Delta u \tag{4.41}$$

珊瑚砂土体骨架的体应变可表示为

$$\frac{\Delta V_s}{V_s} = B_s \Delta\sigma' \tag{4.42}$$

孔隙流体的体应变可表示为

$$\frac{\Delta V_w}{V_w} = \frac{\Delta V_w}{nV_s} = B_w \Delta u \tag{4.43}$$

当 $\Delta V_w > \Delta V_s$ 时，表示孔隙流体被压进更细小的孔隙，甚至部分颗粒破碎使得内孔隙变成外孔隙；反之，则表示孔隙流体从孔隙中流出。这两种情况都意味着试样处于排水条件中。本试验中试样具有侧限约束条件，有效应力始终存在，试样始终处于不排水条件中，同时假设在低载冲击下，珊瑚砂颗粒没有破碎发生，则有：

$$\Delta V_w = \Delta V_s \tag{4.44}$$

珊瑚砂颗粒的主要成分为方解石（体积模量约为 64.5 GPa）和文石（体积模量约为 73.2 GPa），其体积模量远高于孔隙流体（体积模量约为 2.18 GPa）。可取土体骨架的体应变作为试样整体的体应变，结合式（4.41）、式（4.42），并将式（4.44）代入式（4.43），则有：

$$\frac{\Delta V}{V} = \frac{\Delta V_s}{V_s} = \frac{nB_w}{1 + \dfrac{nB_w}{B_s}} \Delta\sigma \tag{4.45}$$

将珊瑚砂试样视为弹性介质，则其体积模量可表示为

$$B_{\text{mix}} = \frac{1 + \dfrac{nB_{\text{w}}}{B_{\text{s}}}}{nB_{\text{w}}} \tag{4.46}$$

将式(4.46)的计算结果代入式(4.40),即可得到冲击荷载下的峰值压缩应变。

3. PPR 经验预测模型

使用孔隙水压力比（PPR）对试样是否发生液化进行判定,其定义如下:

$$PPR = \frac{u_{\text{res}}}{\sigma_0'} \tag{4.47}$$

若 $PPR \geqslant 1$,则表示液化已经发生;若 $PPR = 0$,则表明压缩冲击荷载没有产生超孔隙水压力。

由于试验中珊瑚砂试样和围压管中水体处于试样罐与围压管组成的体积不变的封闭空间内,珊瑚砂试样在冲击荷载作用后存在一定的残余轴向压缩量,使得围压管中水体体积膨胀,围压管压力有所下降。因此,本试验将对式(4.47)中的参数选择进行调整,用 $(\sigma_{ci} - u_0)$ 取代 σ_0',得到式(4.48):

$$PPR = \frac{u_{\text{res}}}{\sigma_{ci} - u_0} \tag{4.48}$$

式中, σ_{ci} 为第 i 次加载后的围压管压力; u_0 为试样初始孔隙水压力。

依据上述公式对试验数据进行处理,得到各试样在逐次冲击加载过程中的累积峰值应变与 PPR,表 4.13 为 08 号试样各次冲击后的累积峰值应变与 PPR。

表 4.13　试样各次冲击后的累积峰值应变 $\sum \varepsilon_{\text{pk}}$ 与 PPR

加载序号	σ_{cpk}/kPa	u_{pk}/kPa	$\sum \varepsilon_{\text{pk}}$/kPa	PPR
01	988.508	804.042	0.020 5	37.440%
02	989.487	830.586	0.041 6	52.522%
03	980.670	872.716	0.063 8	63.084%
04	980.535	888.409	0.086 4	73.128%
05	966.473	938.012	0.110 3	80.837%
06	968.128	946.446	0.134 4	87.675%
07	959.538	929.640	0.158 1	93.417%
08	939.398	920.296	0.181 5	97.941%
09	940.944	920.901	0.204 9	100.112%

采用线性多元回归分析,建立了 PPR 与试验参数（包括峰值压缩应变、初始相对密度和初始有效应力）之间的关系,得到了适合所用珊瑚砂的经验 PPR 预测模型,对该模型进行线性回归残差分析,确定系数 $R^2 = 0.84$,拟合效果较好。

$$PPR = 57.143 D_{\text{r}}^{-0.086\,64} \sigma_0'^{-0.541\,23} \left(\sum \varepsilon_{\text{pk}} \right)^{0.452\,11} \tag{4.49}$$

国外学者 Hubert[21]曾给出最适合珊瑚砂的经验 PPR 预测模型,该模型的确定系数 $R^2 = 0.66$。

$$PPR = 5.81 D_r^{-0.022} \sigma_0'^{-0.176} \left(\sum \varepsilon_{pk} \right)^{0.429} \tag{4.50}$$

图 4.25 展示了试验所用珊瑚砂的 PPR 和 $\sum \varepsilon_{pk}$ 的关系以及与 Hubert 的预测模型的比较情况,从图中可知,本次试验中试样发生液化时,所需要的累积压缩应变范围大于 Hubert 的预测结果。随着试样相对密度和初始有效应力的增大,Hubert 经验公式与试验所得经验公式的预测结果差异变大,在相对密度为 60% 和初始有效应力为 345 kPa 时,差异可达到 30%,这可能与试验所用珊瑚砂的其他物性参数有关。

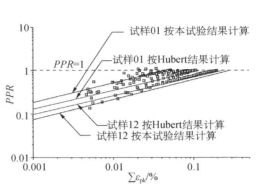

图 4.25　试样 PPR 与累积有效应变 $\sum \varepsilon_{pk}$ 的关系

由各试样在第一次加载后的数据可知,峰值为 1 MPa 的单次冲击荷载均无法引起珊瑚砂试样液化。相较于 $\sigma_0' = 86$ kPa 的试样,$\sigma_0' = 345$ kPa 的珊瑚砂试样在单次冲击荷载下,孔隙水压力增量提高 70%~130%,峰值粒子速度降低 20%~30%,PPR 值降低 40%~60%。

初始有效应力和土体中产生的峰值压缩应变是影响珊瑚砂液化特性的重要因素,而相对密度的影响则要小得多。饱和珊瑚砂土体的相对密度每提高 1 倍,液化所需的累积峰值应变增加 11%~12%;土体中的初始有效应力每提高 1 倍,液化所需的累积峰值应变则增加 102%~103%。提高珊瑚砂土体的初始有效应力对提升抗液化性能效果更好。初始有效应力为 345 kPa 的饱和珊瑚砂土体,当累积峰值应变达到 0.3% 时,才可能发生液化。

根据本节预测模型预测液化发生($PPR = 1$)时试验用珊瑚砂的压缩应变量见表 4.14。

表 4.14　液化发生($PPR=1$)时试验用珊瑚砂的压缩应变量

σ_0'/kPa	D_r			
	10%	20%	40%	60%
86	0.041 8	0.047 8	0.054 5	0.058 9
172	0.095 9	0.109 5	0.125 0	0.135 1
345	0.220 5	0.251 9	0.287 7	0.310 9

4.3　饱和珊瑚砂的动力液化模型

砂土的动力本构模型是土力学的主要研究内容。近年来,随着对砂土力学特性认识的深入,对其力学模型的研究也逐渐发展完善,使得砂土更多的力学特性能够被准确描述,如砂土的各向异性、剪胀、应变软化等。由于加载应力路径的差异会对砂土的力学响应产生重要影响,因此,能够表现复杂荷载条件下砂土力学特性的本构模型不断涌现。其中,应力主轴旋转对砂土动力特性的影响是被重点关注的方面。此外,饱和砂土的动力液化是工程安全中最为关心的内容。为此,孔隙水压力的变化特征同样需要体现在砂土的本构模型中。但是模型需要反映的内容越多,模型的理论框架会变得越复杂,导致模型的实际应用被大大限制。因此,在模型的选择上面,需要根据使用者的需求,在准确性与应用的复杂性两者之间达到平衡。

珊瑚砂的静动力特性已经在前几章进行了系统阐述,可以发现其特殊的力学特性主要源自其颗粒多孔隙(含内孔隙)、颗粒强度低及颗粒形状不规则。因此,珊瑚砂的本构模型需要反映出其颗粒特征所体现出的宏观力学行为。由于有效应力模型几乎能够描述砂土所有的基本力学特性,所以本节选择对有效应力模型进行修正,以考虑颗粒特征对珊瑚砂宏观力学行为的影响机制,并对模型的适用性进行讨论。

4.3.1 有效应力模型

1. 弹性响应

弹性响应部分被认为是各向同性的,以剪切模量和体积模量表征。

$$G^e = k_G^e P_a \left(\frac{p'}{P_a} \right)^{ne} \tag{4.51}$$

$$B^e = k_B^e P_a \left(\frac{p'}{P_a} \right)^{me} \tag{4.52}$$

式中,k_G^e 为剪切模量数,与相对密度相关;P_a 为大气压力;p' 为平均有效应力,$p' = (\sigma_1' + \sigma_3')/2$;$ne$ 为剪切模量指数,取值范围为 $0.4 \sim 0.6$,或近似为 0.5;k_B^e 为体积模量数;me 为体积模量指数。

2. 塑性响应

塑性应变由屈服面和流动法则控制。对于砂土来说,在应力空间中,屈服面由过原点的射线表示(图 4.26)。对于第一次剪切加载,屈服面由当前应力状态确定(点 A)。当剪切应力增大时,应力比也增大,导致应力点移到点 B。剪应力和法向有效应力位于最大剪应力面上。屈服面移动到新的位置,过点 B 与原点。这个过程会产生塑性剪应变和塑性体应变。塑性剪应变的增量 $\mathrm{d}\gamma^p$ 与应力比 $\mathrm{d}\eta$ 相关,如图 4.27 所示,可以表达为

$$\mathrm{d}\gamma^p = \frac{1}{G^p} \mathrm{d}\eta \tag{4.53}$$

式中,G^p 为塑性剪切模量。若应力比与塑性剪切应变之间假设为双曲线关系,则 G^p 可以表示为

$$G^p = k_G^p \left(\frac{p'}{P_a} \right)^{np-1} \left(1 - \frac{\eta}{\eta_f} R_f \right)^2 \tag{4.54}$$

式中,k_G^p 为塑性剪切模量数;np 为剪切模量指数;η_f 为失效时的应力比,等于 $\sin \phi_f$,其中

ϕ_f 为峰值摩擦角；R_f 为破坏比，$R_f = \eta_f / \eta_{ult}$，其中 η_{ult} 为破坏时的应力比，取值范围为 $0.7 \sim 0.98$，且随着相对密度的增大而减小。

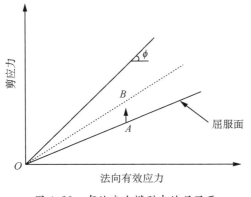

图 4.26　有效应力模型中的屈服面

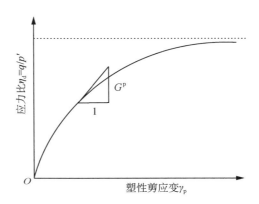

图 4.27　应力比与塑性剪应变的关系

对应的塑性体应变增量 $d\varepsilon_v^p$ 与塑性剪应变增量 $d\gamma^p$ 相关，根据流动法则，可得两者之间的关系：

$$d\varepsilon_v^p = (\sin \psi) d\gamma^p = (\sin \phi_{cv} - \eta) d\gamma^p \tag{4.55}$$

式中，ψ 为剪胀角；ϕ_{cv} 为常体积摩擦角。

流动法则可以从能量的角度获得，与应力扩容理论相似。当动摩擦角 $\phi_d < \phi_{cv}$ 时意味着体积剪缩；当 $\phi_d > \phi_{cv}$ 时意味着体积剪胀。

屈服函数的表达式为

$$f = \sigma_1' - \sigma_3' N_\phi = 0 \tag{4.56}$$

式中，$N_\phi = (1 + \sin \phi_d) / (1 - \sin \phi_d) = (1 + \eta_d) / (1 - \eta_d)$。

塑性势函数可以写为

$$g = \sigma_1' - \sigma_3' N_\psi = 0 \tag{4.57}$$

式中，$N_\psi = (1 + \sin \psi) / (1 - \sin \psi)$。

4.3.2　不规则颗粒形状影响

珊瑚砂颗粒是由珊瑚残枝、贝壳碎屑等海洋生物残骸组成，其形状大多不规则，主要表现为块状和纺锤状，另外还包括部分片状和枝状。不规则的颗粒形状会使珊瑚砂骨架在宏观上表现出明显的各向异性。各向异性除了由于材料自身特性产生的原生各向异性，还会由于应力主轴的旋转产生的次生各向异性。因此，在珊瑚砂的模型中，各向异性（包括原生和次生）应被考虑，以反映颗粒形状不规则的影响。

在有效应力模型中，各向异性可以通过建立塑性模量与主应力轴方向两者的关系来表征。当 $0° \leqslant \alpha_\sigma \leqslant 45°$ 时，塑性模量数 k_G^P 可以定义为

$$k_G^P = (k_G^P)_0 \left[F - (F-1) \cos 2\alpha_\sigma \right] \tag{4.58}$$

式中，$(k_G^P)_0$ 为 $\alpha_\sigma = 0°$（垂直压缩）时的塑性模量数；F 为各向异性塑性分量的系数，小于 1；α_σ 为主应力方向与垂直轴之间的夹角。

当 $45° \leqslant \alpha_\sigma \leqslant 90°$ 时，k_G^P 可以定义为

$$k_G^P = (k_G^P)_0 F \tag{4.59}$$

由式(4.58)和式(4.59)可得不同系数 F 下塑性模量数 k_G^P 随 α_σ 的变化特征，如图 4.28 所示。当 $0° \leqslant \alpha_\sigma \leqslant 45°$ 时，塑性模量数 k_G^P 与 $\alpha_\sigma = 0°$ 时的 $(k_G^P)_0$ 之比随着 α_σ 的增大而由 1 减小至 F；而当 $45° \leqslant \alpha_\sigma \leqslant 90°$ 时，保持比值为 F 不变。α_σ 的增大，代表各向异性的增长，对应的材料强度会降低。随着 F 的减小，同样 α_σ 下的塑性模量数随之减小，表明 F 的减小，同样代表各向异性的增长和材料强度的降低。从本质上来说，F 反映材料的各向异性，而 α_σ 反映材料的应力方向性。F 为常数，可用于表征初始各向异性的影响，而 α_σ 是随着动荷载变化的，可反映出各向异性的变化。

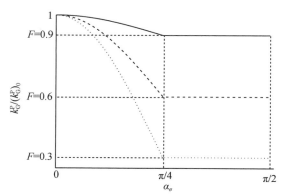

图 4.28　不同 F 下塑性模量数随着 α_σ 的变化特征

在已有的研究中发现，主应力轴的旋转，除了会诱发砂土的各向异性，还会导致砂土塑性变形的产生，甚至在主应力轴的连续旋转下产生砂土的液化。因此，有效应力模型中还需要反映主应力轴旋转所产生的塑性变形。

《岩土塑性力学》[22] 一书指出，应力增量可分为两个部分：①共轴分量，即经典塑性力学中的应力增量；②旋转分量，即致使主应力轴发生旋转的应力分量。在此认识的基础上，可以将含主应力轴旋转的复杂问题转化为对应的两个相对简单的问题：①经典的塑性应力-应变关系问题；②主应力大小不变、方向变化的应力-应变关系问题。

考虑到有效应力模型分析的是平面问题，此处主要介绍平面应力增量的分解。在 xOy 平面上，主应力分别为 σ_1，σ_2，则共轴分量为

$$d\boldsymbol{\sigma}_c = \boldsymbol{T} \begin{bmatrix} d\sigma_1 & 0 \\ 0 & d\sigma_2 \end{bmatrix} \boldsymbol{T}^T \tag{4.60}$$

式中，$\boldsymbol{T} = \begin{bmatrix} \cos\theta & -\sin\theta \\ \sin\theta & \cos\theta \end{bmatrix}$；$\theta$ 为最大主应力 σ_1 与 x 轴之间的夹角。因为共轴分量不会出现主应力轴的偏转，所以 θ 角不发生变化，故矩阵 $\boldsymbol{T}$ 为常数阵。

对于旋转分量，应力大小不变，方向变化，即 θ 角变化。在主应力空间中，旋转分量可以表示为

$$d\boldsymbol{\sigma}_r = \boldsymbol{T} \begin{bmatrix} 0 & d\theta(\sigma_1 - \sigma_2) \\ d\theta(\sigma_1 - \sigma_2) & 0 \end{bmatrix} \boldsymbol{T}^T \tag{4.61}$$

如前所述,共轴分量的应力-应变关系基于经典塑性理论,即有效应力模型中的应力-应变关系。在已有的文献报道中已经证实,主应力轴的旋转会导致塑性应变的产生。考虑到应力增量的旋转分量的大小是不变的,所以主应力轴旋转导致的塑性应变为主应力轴偏转角的函数。基于 Matsouka[23] 提出的剪主应力比(τ_{xy}/σ_x 或 τ_{xy}/σ_y)与剪应变(γ_{xy})之间的双曲线关系,可以求得由主应力轴旋转导致的塑性应变增量表达式:

$$\mathrm{d}\gamma^{\mathrm{r}} = \frac{2}{k_{\mathrm{G}}^{\mathrm{P}}} \left(\frac{p'}{P_{\mathrm{a}}}\right)^{1-np} \frac{\eta_{\mathrm{ult}}\eta_{\mathrm{d}}\cos 2\theta}{\eta_{\mathrm{ult}} - \eta_{\mathrm{d}}} \mathrm{d}\theta \tag{4.62}$$

式中,θ 为任意平面与主应力平面的夹角。

主应力轴旋转会导致应力、应变不共主轴。令 σ_1 轴与 $\mathrm{d}\varepsilon_1$ 轴夹角为 δ,则应变增量摩尔圆与应力增量摩尔圆的 θ 角相关,两者的关系为($90° - 2\delta$),因此,式(4.62)中的 2θ 应该用 $[2\theta - (90° - 2\delta)]$ 代替,则式(4.62)变为

$$\mathrm{d}\gamma^{\mathrm{r}} = \frac{2}{k_{\mathrm{G}}^{\mathrm{P}}} \left(\frac{p'}{P_{\mathrm{a}}}\right)^{1-np} \frac{\eta_{\mathrm{ult}}\eta_{\mathrm{d}}\sin 2(\theta + \delta)}{\eta_{\mathrm{ult}} - \eta_{\mathrm{d}}} \mathrm{d}\theta \tag{4.63}$$

因此,考虑主应力轴旋转的应力增量与应变增量的表达式分别为

$$\mathrm{d}\sigma = \mathrm{d}\sigma_{\mathrm{c}} + \mathrm{d}\sigma_{\mathrm{r}} \tag{4.64}$$

$$\mathrm{d}\gamma = \mathrm{d}\gamma^{\mathrm{p}} + \mathrm{d}\gamma^{\mathrm{r}} \tag{4.65}$$

4.3.3　颗粒内孔隙影响

珊瑚砂颗粒除了表面多孔隙外,还会有内孔隙的存在。在数量上,小孔隙多,大孔隙少;在面积上,小孔隙小,大孔隙大。颗粒表面多孔隙的特征主要影响珊瑚砂的结构性及颗粒间的接触,在宏观上表现为强度的变化。而内孔隙对珊瑚砂最大的影响体现在饱和环境中。在饱和珊瑚砂中,内孔隙的多少决定气体含量,会使孔隙流体的体积模量呈倍数变化。在本章所描述的大尺寸爆炸液化模型试验中,珊瑚砂中气体含量,即内孔隙含量,是影响珊瑚砂爆炸动力特性的关键因素。因此,珊瑚砂内孔隙的微观特征在宏观上可以认为主要表现为孔隙流体体积模量的变化。

在有效应力模型中,孔隙流体的压缩认为是线弹性的,采取等效刚度的概念,则孔隙流体的体积模量为

$$B_{\mathrm{k}} = \frac{B_{\mathrm{f}}}{n} \tag{4.66}$$

式中,B_{k} 为等效流体体积模量;B_{f} 为流体体积模量;n 为孔隙率。

对于珊瑚砂而言,由于内孔隙的存在,饱和珊瑚砂不是简单的两相,而是三相介质,所以在孔隙流体的压缩中,其压缩变形是非线弹性的。为了定量反映气体的影响,可以采用爆炸动力学中的状态方程来表示三相介质中流体的等效体积模量。

对于三相饱和砂土,若单位体积内各组分的初始条件如表 4.15 所示,则对应的各组

分状态方程为

$$空气: \quad p = p_0 \left(\frac{\rho_1}{\rho_{10}} \right)^{\gamma_1} - p_0 \tag{4.67}$$

$$水: \quad p = p_0 - \frac{\rho_{20} c_{20}^2}{\gamma_2} \left[\left(\frac{\rho_2}{\rho_{20}} \right)^{\gamma_2} - 1 \right] \tag{4.68}$$

$$固体颗粒: p = p_0 - \frac{\rho_{30} c_{30}^2}{\gamma_3} \left[\left(\frac{\rho_3}{\rho_{30}} \right)^{\gamma_3} - 1 \right] \tag{4.69}$$

式中,γ_1,γ_2 和 γ_3 分别为各组分的熵;ρ_1,ρ_2 和 ρ_3 分别为各组分的密度;p 为介质受到的压力。

表 4.15   各组分初始状态条件

组分	含量/%	初始压力	初始密度	声速
空气	α_1		ρ_{10}	c_{10}
水	α_2	p_0	ρ_{20}	c_{20}
固体颗粒	α_3		ρ_{30}	c_{30}

注:介质初始密度 $\rho_0 = \sum \alpha_i \rho_{i0}$,$\sum \alpha_i = 1$。

当介质发生变形时,其各组分的密度增量为

$$\Delta \rho_i = -\alpha_i \varepsilon_i \rho \tag{4.70}$$

因此,介质的整体密度为

$$\rho = \rho_0 - \sum_{i=1}^{3} \alpha_i \varepsilon_i \rho \tag{4.71}$$

由式(4.71)可得介质的体积压缩应变为

$$\varepsilon_v = \sum_{i=1}^{3} \alpha_i \varepsilon_i = \frac{\rho_0 - \rho}{\rho} \tag{4.72}$$

式中,

$$\frac{\rho_0}{\rho} = \alpha_1 \frac{\rho_{10}}{\rho_1} + \alpha_2 \frac{\rho_{20}}{\rho_2} + \alpha_3 \frac{\rho_{30}}{\rho_3} \tag{4.73}$$

结合各组分的状态方程,式(4.73)可以表示为

$$\frac{\rho_0}{\rho} = \sum_{i=1}^{3} \alpha_i \left[\frac{\gamma_i (p - p_0)}{\rho_{i0} c_{i0}^2} + 1 \right]^{-\frac{1}{\gamma_i}} \tag{4.74}$$

因此,介质的体积压缩应变为

$$\varepsilon_v = \sum_{i=1}^{3} \alpha_i \left[\frac{\gamma_i (p - p_0)}{\rho_{i0} c_{i0}^2} + 1 \right]^{-\frac{1}{\gamma_i}} - 1 \tag{4.75}$$

对式(4.75)求导,可知体应变增量与应力增量之间满足:

$$\Delta \varepsilon_{\mathrm{v}} = \sum_{i=1}^{3} \frac{\alpha_i}{\rho_{i0} c_{i0}^2} \left[\frac{\gamma_i (p - p_0)}{\rho_{i0} c_{i0}^2} + 1 \right]^{-\frac{\gamma_i + 1}{\gamma_i}} \Delta p \tag{4.76}$$

则三相介质中孔隙流体体积模量可以表示为

$$B_k = \frac{1}{\sum\limits_{i=1}^{3} \frac{\alpha_i}{\rho_{i0} c_{i0}^2} \left[\frac{\gamma_i (p - p_0)}{\rho_{i0} c_{i0}^2} + 1 \right]^{-\frac{\gamma_i + 1}{\gamma_i}}} \tag{4.77}$$

式(4.77)反映出孔隙流体的体积模量不仅与各组分的特性(含量、波阻抗)相关,而且与所施加的外力大小密切相关,表现出了孔隙流体压缩的非线性。由此可通过孔隙流体体积模量的变化来表征珊瑚砂颗粒内孔隙含量的影响。

4.3.4 颗粒破碎影响

珊瑚砂颗粒的矿物成分主要为碳酸钙,其强度仅是石英砂的 2/3;颗粒枝状、片状的形态及多孔隙分布,会进一步削弱珊瑚砂颗粒的强度,导致珊瑚砂颗粒在低应力作用下就会发生破碎。颗粒的破碎会改变珊瑚砂的结构分布,影响砂样的整体强度。由第 2 章可知,珊瑚砂的峰值内摩擦角随着围压的升高而减小是由剪胀和颗粒破碎共同作用的结果。在低应力下,颗粒破碎较少,珊瑚砂强度主要受剪胀影响;而当应力增大时,颗粒破碎加剧,剪胀的作用被削弱,强度受颗粒破碎影响较大。因此,颗粒破碎的作用可以认为主要体现在强度的变化上,并且与施加应力大小密切相关。

在有效应力模型中,认为砂土材料只有摩擦强度,对应的黏聚力为零,则

$$\frac{\sigma_1 - \sigma_3}{2} = \frac{\sigma_1' + \sigma_3'}{2} \sin \varphi \tag{4.78}$$

即

$$\eta = \sin \varphi \tag{4.79}$$

由上述分析可知,颗粒的破碎对宏观特性的影响主要体现在两个方面:①会使峰值内摩擦角减小,即破坏应力比随着颗粒破碎而减小;②颗粒破碎会抑制剪胀,即珊瑚砂的体积剪胀会随着颗粒的破碎而减小。由式(4.55)可知,随着应力比的减小,砂土的体积变形由剪胀向剪缩变化。因此,有效应力模型中只要考虑了颗粒破碎对土骨架强度(应力比)的影响,就能同时反映出颗粒破碎对体积变形的影响。

张家铭等[24]研究了珊瑚砂的颗粒破碎对宏观特性的影响,发现随着颗粒的破碎,应力比随之减小,并趋于一定值。以相对破碎 B_{r} 表征颗粒破碎时,破坏应力比与 B_{r} 之间满足:

$$\left[\frac{\sigma_1'}{\sigma_3'} \right]_{\mathrm{f}} = a - b \ln B_{\mathrm{r}} \tag{4.80}$$

式中，a，b 为试验常数。

式(4.80)可以改写为

$$\eta_f = 1 - \frac{2}{a - b\ln B_r + 1} \tag{4.81}$$

式(4.81)本质上表示的是土骨架中的颗粒破碎程度对骨架整体强度的影响。若颗粒破碎不存在，即 $B_r=0$，由式(4.81)可知破坏应力比趋于1；若颗粒完全破碎，则 $B_r=1$，意味着破坏应力比为$1-2/(a+1)$。若 $a=1$，则破坏应力比为零。实际上，当围压增加到一定大小时，颗粒破碎已经停止，此时骨架的变形主要由于颗粒间的摩擦运动，所以相对破碎 B_r 的上限值是小于1的。

假设砂土是一个整体，则颗粒的破碎可以认为是砂土内部出现了损伤。颗粒破碎的发展即砂土损伤的不断演化。加载初始阶段认为颗粒未破碎，则砂土损伤为零，强度最大；砂土破坏时，认为颗粒完全破碎，砂土损伤为1，强度最低。结合式(4.81)所示的颗粒破碎与强度的关系，可将损伤变量定义为

$$D = \frac{2}{2 - b\ln B_r} \tag{4.82}$$

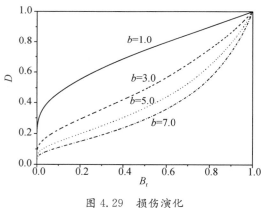

图 4.29　损伤演化

式中，D 为砂土颗粒破碎导致的损伤变量。损伤变量 D 的演化曲线如图 4.29 所示。损伤变量随着颗粒破碎呈现三阶段的增加，直至达到1。

加载初始阶段，颗粒上的尖角等易破碎区域发生破坏，使得损伤变量快速增大。高围压（$b = 1.0$）下，颗粒易破碎，所以对应的初始损伤在高围压下是大于低围压（$b = 7.0$）下的。

随后在荷载的作用下，颗粒不断重排列，破碎颗粒会将孔隙逐渐填充，使得颗粒间接触更加紧密，颗粒破碎变难，损伤发展随之变慢。在这个过程中，砂土的结构会逐渐趋于稳定，损伤的发展速率也逐渐减小。

一旦砂土结构稳定后，颗粒的破碎同样会变得稳定，则损伤的发展率恒定。在低围压（$b = 7.0$）下，荷载增大，砂土结构易出现破坏，损伤率会变大，直至发展到砂土完全破坏。在高围压（$b = 1.0$）作用下，砂土结构不易破坏，损伤会以恒定发展率发展到砂土完全破坏。

综上所述，式(4.82)所确定的损伤演化过程能够较好地反映珊瑚砂颗粒破碎在整个变形过程中的变化特征，并且通过 b 值的调整，可以反映出围压的影响。

基于损伤力学理论，可将颗粒破碎的影响通过损伤变量引入有效应力模型中：

$$G^{e'} = (1 - D)G^e \tag{4.83}$$

$$B^{e'} = (1 - D)B^e \qquad (4.84)$$

式中，$G^{e'}$ 和 $B^{e'}$ 分别为有效弹性剪切模量和有效弹性体积模量。

通过式(4.82)—式(4.84)可以实现模型对颗粒破碎影响的考虑，但是颗粒相对破碎 B_r 随荷载的发展过程是难以确定的。颗粒的破碎与颗粒形状、颗粒尺寸、加载速率等条件密切相关，并且珊瑚砂的颗粒强度变化也是复杂的。因此，珊瑚砂颗粒破碎在模型中的实现，难点在于确定相对破碎的发展过程。

4.3.5　模型验证

本节基于单元模型，计算了相对密度为 30% 的珊瑚砂在初始有效围压 200 kPa 下的动力响应。模型底部固定，侧向水平位移保持一致，边界为不排水条件。输入荷载为正弦波，频率为 1 Hz，施加于单元顶部。三相介质的熵分别取 1.4、3.0 和 3.0。对于颗粒形状、颗粒内孔隙及颗粒破碎的影响，分别计算了不同 F、气体含量及损伤下珊瑚砂的动力特性，并与试验结果分别进行对比，从而证实考虑颗粒特征的有效应力模型是否更适合珊瑚砂。

结合试验结果，确定了珊瑚砂的模型参数，如表 4.16 所示。在此基础上，不同 F、气体含量及损伤下的计算结果与试验结果的对比分别如图 4.30、图 4.31 和图 4.32 所示。

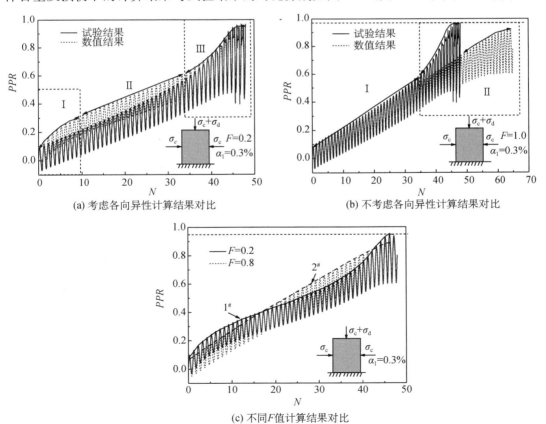

(a) 考虑各向异性计算结果对比　　　　　(b) 不考虑各向异性计算结果对比

(c) 不同 F 值计算结果对比

图 4.30　颗粒形状(各向异性)影响分析

表 4.16　珊瑚砂动力模型参数

k_G^e	ne	k_B^e	me	k_G^p	np	ϕ_f	ϕ_{cv}	R_f	n
4 500	0.6	8 500	0.5	7 500	0.7	40.0	30.8	0.98	0.56

　　由式(4.58)和式(4.59)可知,当 $F=1.0$ 时,塑性模量数是不变的,即不考虑各向异性的影响;当 $F<1.0$ 时,通过应力方向的变化反映各向异性的影响。结合图 4.30 可以发现,考虑各向异性的情况下[图 4.30(a)],珊瑚砂孔压的上升过程可分为减速上升、稳定上升和加速上升三个阶段。而试验得到的孔压仅存在稳定上升和加速上升两个阶段。但是随着荷载循环的增加,计算的孔压变化是逐渐趋于试验结果的。特别是,计算的孔压与试验同时达到峰值,且峰值孔压比是一致的,略小于 1。不考虑各向异性的情况下[图 4.30(b)],计算的孔压虽然与试验一样表现出两阶段的变化,但第二个阶段孔压的变化与试验正好相反,表现出减速上升,而不是加速上升。关键是不考虑各向异性的情况下,计算的峰值孔压对应的循环次数是高于试验结果的,且峰值孔压比略低于试验结果。将该计算结果应用于工程实践是危险的。

　　由图 4.30(c)可以发现,随着 F 的增大,孔压的变化过程由减速上升、稳定上升和加速上升的三阶段类型(1#)向稳定上升、减速上升的两阶段类型(2#)转变。当 F 较小时,对应的孔压变化与试验结果更为接近,表明珊瑚砂不规则的颗粒形状特征使其各向异性更为明显。此外,虽然不同 F 对应的孔压比同时达到峰值,但 F 的增大会使其峰值减小,即各向异性的增大会提高珊瑚砂发生液化的可能性。这是因为各向异性的增大会增加卸载体缩量,而在珊瑚砂中,卸载会引起孔压的上升,即各向异性的增大会促进孔压的上升。因此,珊瑚砂不规则的颗粒形状使其各向异性显著,增加了其液化的可能性。从第 4 章珊瑚砂的爆炸液化物理机制分析中可知,珊瑚砂不规则的颗粒形状会降低其渗透系数,增强积聚作用,从而提高液化的可能性。此处,虽然未考虑颗粒形状对渗透系数的影响,但通过各向异性同样表现出了珊瑚砂颗粒形状的特征增加了其液化可能性的基本规律。

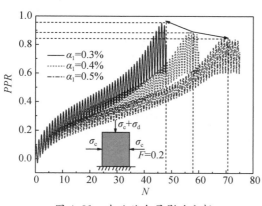

图 4.31　内孔隙含量影响分析

　　由图 4.31 可知,随着气体含量的增加,珊瑚砂孔压比达到峰值的循环次数是逐渐增加的,而孔压比峰值是减小的。这表明气体含量的增加会降低珊瑚砂液化的可能性,即内孔隙含量的增加会降低珊瑚砂的液化可能性。气体含量的增加,未改变孔压的上升方式,均为类型 1#,但是孔压的上升率对气体含量的变化是十分敏感的,表明内孔隙的影响是不可忽略的。

　　前文论述了通过损伤力学引入珊瑚砂颗粒破碎影响的方法。其中确定颗粒破碎指标的变化是关键。考虑到疲劳损伤中,常将损伤定义为循环次数与总的循环次数之比。参考该方法,此处假设相对破碎 B_r 的变化与荷载循环次数 N 同样呈正比,即

$$B_r = \frac{N}{N_f} \tag{4.85}$$

式中，N_f 为失效时对应的循环次数。

由式(4.83)、式(4.84)及式(4.85)分别计算了不同 B_r 上限值、不同 b 值下，颗粒破碎对珊瑚砂孔压上升的影响，具体如图 4.32 所示。由图 4.32(a)可知，B_r 上限值的增大对孔压上升的减速阶段和稳定阶段是没有影响的。而加速上升阶段，B_r 上限值越小，孔压的上升速率就越大，即颗粒破碎程度越高，珊瑚砂越难发生液化，这与前述分析结果是一致的。颗粒破碎会使细颗粒含量增加，而细颗粒会充填到孔隙之间，起到镶固的作用，使骨架结构趋于稳定，从而降低了液化的可能性。

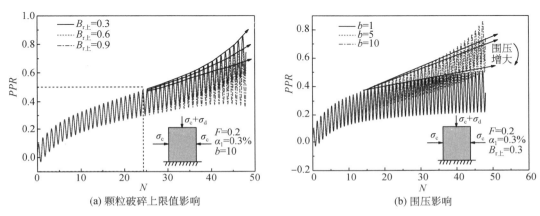

(a) 颗粒破碎上限值影响　　　　　　　　(b) 围压影响

图 4.32　颗粒破碎影响分析

由图 4.32(b)可以发现，随着 b 值的减小，在加速上升阶段，孔压的上升率是逐渐减小的。即围压越大(b 值越小)，珊瑚砂就越难发生液化，与土动力学中的基本认识是一致的。由此证实了可通过 b 值的调整，反映围压对珊瑚砂液化特性的影响。

参考文献

[1]马良荣,赵亮,王燕昌,等.标准贯入试验击数与砂土参数间的统计关系[J].电力勘测设计,2009(3):5-8.

[2]BARDET J P, SAYED H. Velocity and attenuation of compressional waves in nearly saturated soils[J]. Soil Dynamics & Earthquake Engineering, 1993, 12(7): 391-401.

[3]钱七虎,王明洋.岩土中的冲击爆炸效应[M].北京:国防工业出版社,2010.

[4]STUDER J, KOK L. Blast-induced excess porewater pressure and liquefaction: experience and application[C]//Proceedings of International Symposium on Soils under Cyclic and Transient Loading, Swansea, United Kingdom, 1980: 581-593.

[5]BACON C. An experimental method for considering dispersion and attenuation in a viscoelastic Hopkinson bar[J]. Experimental Mechanics, 1998, 38(4): 242-249.

[6]徐学勇.饱和钙质砂爆炸响应动力特性研究[D].武汉:中国科学院研究生院(武汉岩土力学研究所),2009.

[7] LYAKHOV G M. Shock waves in the ground and the dilatancy of water saturated sand[J]. Zhurnal Prikladony Mekhaniki Tekhnicheskoy Fiziki, Moscow, U. S. S. R, 1961, 1: 38-46.

[8] KNODEL P C, CHARLIE W A, JACOBS P J, et al. Blast-induced liquefaction of an alluvial sand deposit[J]. Geotechnical Testing Journal, 1992, 15(1): 10.

[9] AL-QASIMI E M A, CHARLIE W A, WOELLER D J. Canadian liquefaction experiment (CANLEX): blast-induced ground motion and pore pressure experiments[J]. Geotechnical Testing Journal, 2005, 28(1): 1-13.

[10] CHARLIE W A, BRETZ T E, SCHURE L A, et al. Blast-induced pore pressure and liquefaction of saturated sand[J]. Journal of Geotechnical & Geoenvironmental Engineering, 2013, 139(8): 1308-1319.

[11] CRAWFORD R E, HIGGINS C J, BULTMANN E A. The air force manual for design and analysis of hardened structures[R]. AFWL-TR-74-102, Air Force Weapons Laboratory, Kirtland Air Force Base, NM, 1974.

[12] DRAKE J L, LITTLE C D. Ground shock from penetrating conventional weapons [C]// Proceedings of Interaction of Non-Nuclear Munitions with Structures, U. S. Air Force Academy, Colorado Springs, CO, 1983: 1-6.

[13] VEYERA G E, CHARLIE W A, HUBERT M E. One-dimensional shock-induced pore pressure response in saturated carbonate sand[J]. Geotechnical Testing Journal, 2002, 25(3): 277-288.

[14] 杨海杰. 三相饱和土爆炸液化问题研究[D]. 南京:工程兵工程学院,2011.

[15] WANG Y, REN Y, YANG Q. Experimental study on the hydraulic conductivity of calcareous sand in South China Sea[J]. Marine Georesources & Geotechnology, 2017, 35(7): 1037-1047.

[16] 孙吉主,黄明利,汪稳. 内孔隙与各向异性对钙质砂液化特性的影响[J]. 岩土力学,2002,23(2): 166-169.

[17] BARR A D, CLARKE S D, TYAS A, et al. Effect of moisture content on high strain rate compressibility and particle breakage in loose sand[J]. Experimental Mechanics, 2018, 58(8): 1331-1334.

[18] TERZAGHI K. Theoretical soil mechanics[M]. New York, Wiley, 1943.

[19] 张均锋,孟祥跃. 冲击载荷下饱和砂土中超孔隙水压力的建立与消散过程[J]. 岩石力学与工程学报,2003,22(9):1463-1463.

[20] 罗嗣海,傅军健. 冲击作用下饱和土性状的试验研究[J]. 地球科学与环境学报,2012,34(2):90-96.

[21] HUBERT M E. Shock loading of water saturated eniwetok coral sand[D]. Fort Collins: Colorado State University, 1986: 145-154.

[22] 郑颖人,孔亮. 岩土塑性力学[M]. 北京:中国建筑工业出版社,2010.

[21] MATSUOKA H, SUZUKI Y, et al. A constitutive model for soils evaluating principal stress rotation and its application to some deformation problems[J]. Soils and Foundations, 1990, 30(1): 142-154.

[24] 张家铭,汪稳,石祥锋,等. 侧限条件下钙质砂压缩特性和破碎特性试验研究[J]. 岩石力学与工程学报,2005,24(18):3327-3331.

第 5 章

珊瑚砂侵彻效应

由于国内外对珊瑚砂的工程特性研究大多是在准静态和低应变率下开展的,对高应变率动力学效应的研究很少,针对珊瑚砂这种特殊岩土材料侵彻问题的研究未见报道。本章介绍了珊瑚砂在侵彻强动载作用下的动力学行为,建立了工程计算方法。

珊瑚砂作为一种散体材料,弹体侵彻受其影响会产生偏转,无法准确探究其动态力学性质,在已有的石英砂靶体侵彻试验中发现,当圆锥形头部弹体的锥角小于 45°时,随着锥角的减小,弹体在靶体中越来越不稳定,得到的侵彻数据也无法用来揭示侵彻机理,但对这一方面的研究并不深入。一直以来,弹头形状对弹道偏转、侵彻深度等弹道行为的影响缺乏定量研究,特别是 1 000 m/s 以下速度范围内的试验结果较少。本章首先介绍了标准石英砂作为靶体时侵彻弹道的稳定性,此结果可为珊瑚砂侵彻试验选择合适的弹头形状提供试验依据,在确保珊瑚砂侵彻试验结果可靠之后再开展珊瑚砂的侵彻试验。

5.1 珊瑚砂侵彻模型试验

5.1.1 试验设计

1. 砂箱设计

采用矩形截面的钢制砂箱来承载砂体,需要关注的是,与现场原位试验不同,开展范围有限的试验研究需要考虑试验装置产生的尺寸效应对试验结果带来的影响。砂箱作为有三个边界的钢制容器,其尺寸会对弹体的侵彻过程产生影响,砂箱边长与弹径的比值越小,侵彻深度越小,影响也就越明显,因此可通过控制比值来削弱这种影响。试验设计的砂箱箱体总长 5 m,截面尺寸为 600 mm(宽)×600 mm(深),如图 5.1 所示,砂箱边长与弹径的比值大于 40,因此可忽略边壁约束对试验带来的影响。

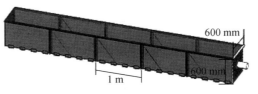

图 5.1　砂箱几何尺寸

在砂箱迎弹面设置直径为 120 mm 的圆孔,试验前采用靶纸封堵以免砂颗粒流出。每段长度为 1 000 mm 的预制钢板箱体,可根据试验工况进行拼接,现场填装干砂作为试验靶体,现场拼接好的砂箱如图 5.2 所示。

图 5.2　砂箱整体实物图

2. 发射与测量装置

侵彻试验的原理如图 5.3 所示,整套试验装置由发射装置、测速系统和试验靶箱组成,试验现场布置如图 5.4 所示。试验弹体的发射装置为 14.5 mm 弹道枪,通过调整火药用量,可以使弹体获得不同的初始速度。

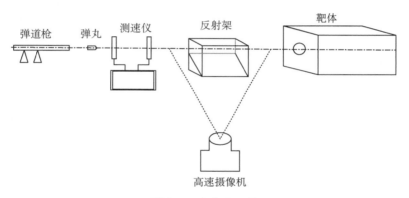

图 5.3　试验原理图

图 5.4　试验装置布置图

测量内容主要包括弹体的入射速度、入射姿态以及侵彻弹道。弹体的入射速度通过测速断靶和电子测时仪测定：在砂箱入口前设置两道锡箔断靶，当弹体穿过锡箔断靶时通道接通并计时，通过电子测时仪记录弹体经过断靶的时间，就可计算出在入口前两张锡箔靶纸之间的平均速度，作为弹体的入射速度。

以同样的方法可以测量弹体在靶体中的速度衰减过程，在干砂中垂直于刚性弹体入射轴向等间距布置锡箔断靶[图 5.5(a)]，并连接 NLG202G-2 型多通道测时仪[图 5.5(b)]，靶纸距入射口处的垂直距离用 l 表示，利用相邻两张靶纸的间距 Δl 和弹体穿过的时间间隔 Δt，测出平均速度 $\bar{v} = \Delta l / \Delta t$，作为两张靶纸中间位置处的瞬时速度。

每次试验前都需要将所有砂土充分混合后重新装填以减小上一次试验侵彻效应的影响。此外，本次试验在锡箔靶纸正面均贴有坐标纸，通过坐标纸上的弹孔可以估计弹道，从而推算出实际的侵彻深度。

(a) 锡箔断靶布置图　　　　　　　　　　(b) NLG202G-2型多通道测时仪

图 5.5　入射速度测量装置

入射姿态利用高速摄像机和镜面反射装置（图 5.6）确定，反射镜面角度为 $45°$。根据弹体在高速摄像机中两个像的运动轨迹，即可测得弹体入射的姿态。

 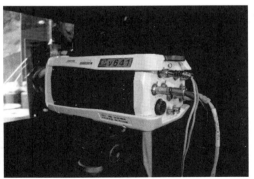

(a) 反射架　　　　　　　　　　　　　　(b) 高速摄像机

图 5.6　入射姿态测量装置

侵彻弹道测量主要利用在砂箱中垂直于弹体入射轴向等间距布置的靶纸确定：在靶

纸迎弹面贴上坐标纸,试验完成后,通过弹体在坐标纸上留下的弹孔位置确定弹道并得到弹体在砂中不同位置的偏移数据。

5.1.2　试验材料

本章试验采用的珊瑚砂取自南海某岛附近海域,是未胶结的松散介质,试样含水率为 0.56%,平均初始密度为 1 255 kg/m³。通过筛除,控制粒径大于 2 mm 的颗粒不超过 10%,颗粒筛分曲线如图 5.7 所示。

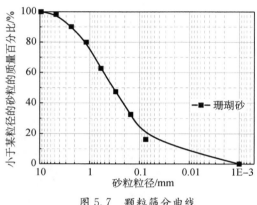

图 5.7　颗粒筛分曲线

为确保砂靶体的均匀性,减少因砂土的密度大幅变化而引起的弹道偏转,除了对原状砂土进行筛分去除较大颗粒外,每次试验均采用"砂雨法"的方式均匀装砂,控制方式如下:

根据靶箱中的装砂深度,分段分层控制装砂,根据砂箱的设计,每段长度为 250 mm (第一段 100 mm),每层 200 mm,使砂经过筛网后缓慢落下,筛网距砂面的高度保持在 600 mm,筛网网孔直径为 5 mm,以尽量保持不同深度砂样的均匀性。

装砂过程中,采用取砂盒对每层砂土进行密度测量,试验用砂实际密度为 1.25~1.30 g/cm³,不同位置砂样的密度相差不超过 4%,因此可将靶体近似看作均匀介质。

5.2　珊瑚砂侵彻试验结果与分析

对石英砂弹道试验结果分析后可发现,弹头形状对弹体侵彻过程的弹道稳定性有很大影响,而五种不同弹头形状的弹体中,110°锥形头部弹体在干砂中偏移量最小,弹道最为稳定[6]。因此采用弹径为 14.5 mm、锥角为 110°的圆锥形头部弹体开展 200~1 000 m/s 速度范围内珊瑚砂的侵彻试验,弹体几何尺寸如图 5.8 所示。主要观察并分析了弹体磨蚀和介质破碎、弹道偏转、弹体的减速过程以及侵彻深度。

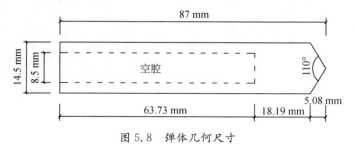

图 5.8　弹体几何尺寸

5.2.1　弹体设计

弹道偏转对弹体侵彻过程有很大影响,而影响弹道偏转的主要因素有弹体的弹头形状和靶体介质的均匀性,由于靶体均匀性可通过装砂方式控制靶体密度来加以保证,这样可以排除其中一个影响因素,因此只需判断弹头形状对弹道偏转和侵彻深度的具体影响,以便选择合适的弹体开展珊瑚砂侵彻试验,以得到有效的侵彻试验数据。

弹道稳定性试验采用的弹体材料为 35CrMnSiA,弹体参数如表 5.1 所示,弹体材料的力学性能参数如表 5.2 所示。弹头形状为圆锥形和尖卵形,其中圆锥形弹头锥角为 70°,90° 和 110°,尖卵形弹头曲径比(曲率半径和弹体直径的比值)CRH 为 3 和 4。弹体直径 $d_0 = 14.5$ mm,长径比 $L_0/d_0 = 6$,质量约为 80 g。装药前的弹体如图 5.9 所示。发射速度为 $200 \sim 1\,000$ m/s,利用网格靶纸定量测定弹体的偏转过程,比较弹头形状对偏转程度的影响,选择最为稳定的弹体进行珊瑚砂侵彻试验。

表 5.1　弹体参数

材料	质量/g	直径/mm	硬度/HRC	长径比	弹头形状
35CrMnSiA	80 左右	14.5	40	10	锥形、卵形

表 5.2　弹体材料力学性能

材料	密度 /(g·cm^{-3})	硬度 /HRC	屈服强度 /MPa	抗拉强度 /MPa	伸长率 /%	断面收缩率 /%	冲击吸收功 Aku/J
35CrMnSiA	7.85	44~46	1 280	1 620	9	40	31

(a) 70°锥形头部弹体

(b) 90°锥形头部弹体

(c) 110°锥形头部弹体

(d) CRH=3的尖卵形头部弹体

(e) CRH=4的尖卵形头部弹体

图 5.9　不同弹头形状的弹体

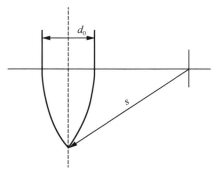

图 5.10 卵形弹头形状

卵形头部弹体一般采用弹头部分的曲径比来表示其形状,描述卵形弹头形状的曲径比 CRH 指曲率半径和弹体直径的比值,如图 5.10 所示,表达式为 $CRH = s/d_0$。

5.2.2 侵彻深度

试验采用不同速度($200 \sim 1\ 000$ m/s)侵彻靶体,共进行 17 组试验,将得到的侵彻结果与石英砂中 10 组 110° 锥形头部弹体侵彻结果进行对比(表 5.3),由于试验条件限制,仅对部分试验采用高速摄像机测量了弹体的入射姿态。对于珊瑚砂介质,当入射速度为 972 m/s 时,最大侵彻深度为 1 440 mm;对于石英砂介质,当入射速度为 891 m/s 时,最大侵彻深度为 1 270 mm。不同入射速度下的侵彻深度如图 5.11 所示,弹体在介质中的侵彻深度随入射速度的增大而增大,入射速度小于 710 m/s 时,弹体在珊瑚砂和石英砂中的侵彻深度相差不大,而当入射速度大于 710 m/s 后,弹体在珊瑚砂中的侵彻深度略大于石英砂。倾斜角为弹体速度方向与靶体入射面法线的夹角,攻角为弹体轴向与速度方向的夹角,试验中测得弹体的倾斜角均小于 1°,攻角均小于 9°,可近似认为是垂直侵彻。

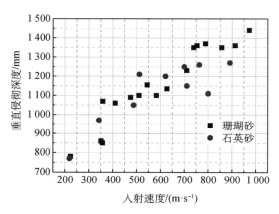

图 5.11 弹体不同入射速度下的垂直侵彻深度

表 5.3 弹体侵彻试验主要结果

砂样	炮次	弹体编号	弹体总质量/g	攻角/(°)	入射速度/(m·s⁻¹)	垂直侵彻深度/mm	相对偏移总量
	1	C16	79.95	1.52	224	780	0.13
	2	C17	80.02	8.48	351	860	0.16
	3	C29	79.95		357	850	0.16
	4	C13	80.14		358	1 070	0.09
	5	C11	80.03	5.52	411	1 060	0.08
钙质砂	6	C32	79.87		475	1 090	0.11
	7	C23	79.94	0	510	1 100	0.05
	8	C10	79.95		544	1 155	0.12
	9	C24	79.85		583	1 100	0.16
	10	C31	79.95		627	1 135	0.06
	11	C25	79.90		710	1 230	0.04
	12	C21	86.32	1.94	740	1 350	0.05

（续表）

砂样	炮次	弹体编号	弹体总质量/g	攻角/(°)	入射速度/(m·s⁻¹)	垂直侵彻深度/mm	相对偏移总量
钙质砂	13	C26	84.94	0	753	1 360	0.03
	14	C22	84.85	2.42	789	1 370	0.03
	15	C40	86.61		857	1 350	0.02
	16	C30	84.93	1.55	913	1 360	0.04
	17	C27	84.71	2.23	972	1 440	0.06

5.2.3　弹道偏转

110°锥形头部弹体侵彻珊瑚砂靶体后的偏转情况如图 5.12 所示。从图中可以看出，所有弹体在两个方向上的偏移程度均比较小，水平方向上，相对偏移总量最大的为弹体 C16 的 0.13，垂直方向上，相对偏移总量最大的为弹体 C24 的 0.16。

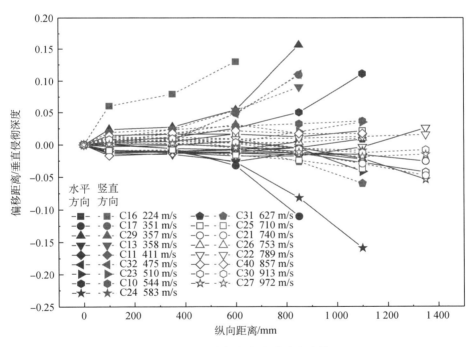

图 5.12　珊瑚砂靶体中的弹道偏转情况

考虑弹体不同的入射姿态，对比两种靶体中弹道偏转情况，如图 5.13 所示。两种靶体中弹体的入射攻角与相对偏移总量之间没有明显的单调变化趋势，在攻角小于 4°时，珊瑚砂中弹体的相对偏移总量基本维持在 0.04 附近，之后随攻角增大，相对偏移总量增大，攻角达到 8.48°时，相对偏移总量最大为 0.16，而石英砂中弹体的相对偏移总量基本维持在 0.07 附近。

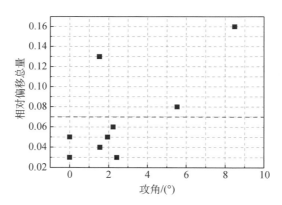

图 5.13　两种砂样中不同攻角下的弹体偏转情况

5.2.4　弹体磨蚀

观察珊瑚砂侵彻试验后的弹体可发现,侵彻靶体后的弹体完整,仅有部分磨蚀划痕,质量损失可忽略不计,可近似看作刚性弹体侵彻。在弹头和弹体尾部均出现了明显的磨蚀划痕,而弹体中部则无明显痕迹(图 5.14)。

图 5.14　侵彻珊瑚砂靶体后的弹体 C21

5.2.5　介质破碎

弹体侵彻靶体后,通过开挖观察介质的变化发现:在珊瑚砂靶体中,弹道附近存在由原砂样破碎而形成的白色粉末,但颜色变化并不明显(图 5.15);破碎后的粉末大量聚集在每层靶纸的弹孔附近,且越接近侵彻深度位置,白色粉末堆积越多,同时靶纸上弹孔附近的破损规律也相同,说明弹体侵彻过程中破碎后的珊瑚砂和石英砂颗粒有着相同的运动规律。

图 5.15　弹体在珊瑚砂靶体中的侵彻轨迹(弹体 C11)

将珊瑚砂原介质和破碎介质进行电镜扫描和元素分析,结果如图 5.16 所示,可以看出,珊瑚砂颗粒为不规则多孔结构,主要矿物元素为 Ca、C 和 O。经对比可发现,与石英砂介质类似,破碎后介质颗粒的尺寸大幅减小。

(a) 原砂样

(b) 破碎砂样

图 5.16　侵彻前后的珊瑚砂介质

5.2.6　弹体减速过程

弹体在砂中受到阻力作用而产生速度衰减,减速过程如图 5.17 所示。珊瑚砂中弹体减速过程与石英砂中无本质差异,即随着侵彻深度增加,速度减小,曲线斜率变小。图 5.18 为低、中、高三种典型速度下(224 m/s,510 m/s,857 m/s)弹体侵彻珊瑚砂靶体后的减速过程。

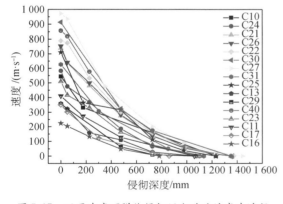

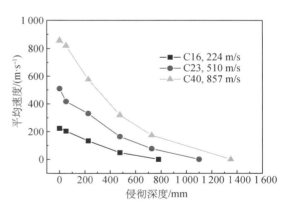

图 5.17　不同速度下弹体侵彻珊瑚砂后的减速过程　　图 5.18　三种速度下弹体侵彻珊瑚砂后的减速过程

以弹体 C10 和 C32 为例,图 5.19、图 5.20 分别展示了弹体侵彻珊瑚砂靶体后不同位置处靶纸的破损情况,可以发现:从每组前两张靶纸的破损情况来看,第二张靶纸上弹孔周边均存在"花瓣"状的破裂区以及环形压痕区,压痕区的范围远远大于破裂区,这应该是弹体前方的前驱压缩波与靶纸相互作用的结果。随着侵彻深度增加,压痕区逐渐消失,压缩波强度逐渐减小。

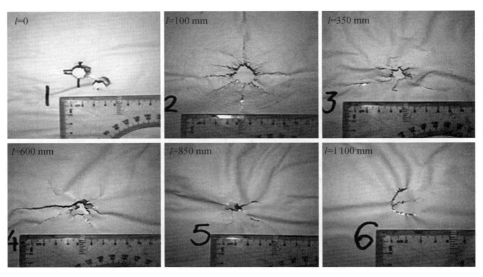

图 5.19　弹体侵彻珊瑚砂靶体不同位置处的靶纸情况（弹体 C10）

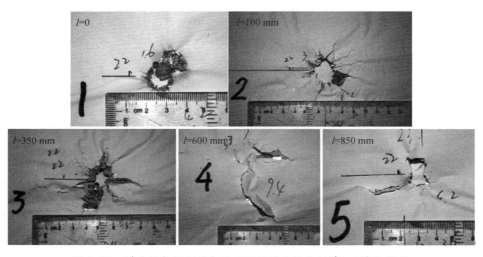

图 5.20　弹体侵彻珊瑚砂靶体不同位置处的靶纸情况（弹体 C32）

5.3　珊瑚砂侵彻工程计算方法

本节采用刚性弹体侵彻干砂的拟流体侵彻理论模型进行计算，并与试验结果进行对比，再分别利用 Forrestal 侵彻计算模型和 YOUNG 公式代入计算，并进行对比，验证模型和计算方法的有效性。

5.3.1　拟流体侵彻计算模型

1. 计算模型

由上述研究可知，在试验速度范围（200～1 000 m/s）内，弹体侵彻珊瑚砂和石英砂靶体过程中,在弹体周围一定范围的介质会出现明显的颗粒破碎,并且介质沿着弹头锥角方向向外运动,类似于文献[1]中提供的 X 射线图像[图 5.21(a)]。

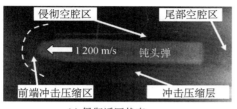

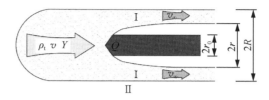

(a) 侵彻近区状态　　　　　　　　　　(b) 拟流体侵彻模型

图 5.21　侵彻近区状态及拟流体侵彻模型

如图 5.21(a)所示,弹体以 1 200 m/s 的撞击速度侵彻砂靶,在弹体头部形成了密度突增的压缩区,压缩后的砂被排开至弹体侧面,弹体和压缩区之间形成了瞬时空腔,该空腔区域延伸至弹体尾部一定距离,结合珊瑚砂数值模拟结果,可建立图 5.21(b)所示的简化计算模型,将弹体侵彻过程中介质的状态分为两个区域:区域 I 为拟流体区,区域 II 为未扰动区。并作如下假设:

(1) 弹体侵彻过程中,区域 I 的外边界是半径为 R 的圆柱面,并由介质的强度特征值 Y 控制,当介质内压力 $P \geqslant Y$ 时,介质处于拟流体区。

(2) 忽略拟流体区以外介质的变形,即认为拟流体区以外的介质是绝对刚性的。

因此,干砂中的侵彻问题可简化为拟流体破碎介质在以区域 I 为边界的管道中遇到刚性弹体阻碍时的流动问题:密度为 ρ_t 的介质以速度 v 在半径为 R 的管道内向弹体流动,弹体半径为 r_0,弹体所受阻抗为 Q,介质流经弹体向后喷射形成射流,射流的内边界是半径为 r 的管道,可得区域 I 内的伯努利方程:

$$\frac{1}{2}\rho_t v^2 + Y = \frac{1}{2}\rho_t v_\infty^2 \tag{5.1}$$

式中,ρ_t 为破碎介质的密度;v 为弹体的侵彻速度;v_∞ 为向后喷射射流的速度极限;Y 为介质的强度特征值。

经过弹体前后的流体体积是不变的,因此可得连续方程和动量守恒方程:

$$\begin{cases} k(R^2 - r_0^2)v_\infty = R^2 v \\ \left[\rho_t v_\infty k\pi(R^2 - r_0^2)\right]v_\infty - (\rho_t v\pi R^2)v = \pi R^2 Y - Q \end{cases} \tag{5.2}$$

式中,$k = \dfrac{R^2 - r^2}{R^2 - r_0^2}$ 为破碎介质喷射的压缩射流系数;R 为管道(射流外边界)半径;r 为射流内边界半径。

对于锥形弹的射流系数,由 M. I. Gurevich[5] 的研究可表示为

$$k = \cfrac{\zeta^x}{1 - \cfrac{\zeta^x \sin \pi x}{\pi}\displaystyle\int_0^1 \left(\frac{1}{\xi + \zeta} + \frac{1}{\xi + 1/\zeta} - \frac{2}{\xi + 1}\right)\frac{1}{\xi^x}\mathrm{d}\xi} \tag{5.3}$$

式中，α 为弹体半锥角；$x=\dfrac{\alpha}{\pi}$；$\zeta^x=\dfrac{v}{v_\infty}=\dfrac{\eta}{\sqrt{1+\eta^2}}$，为流场入口速度和出口速度的比值，比

动能参数 $\eta=\dfrac{v}{c_0}=\sqrt{\dfrac{\rho_t v^2}{2Y}}$，$c_0=\sqrt{\dfrac{2Y}{\rho_t}}$，不同撞击速度下的初始比动能参数 $\eta_0=\dfrac{v_0}{c_0}=$

$\sqrt{\dfrac{\rho_t v_0^2}{2Y}}$。

弹体所受阻抗为

$$Q=-m\frac{\mathrm{d}^2 h}{\mathrm{d}t^2}=-mv\frac{\mathrm{d}v}{\mathrm{d}h} \tag{5.4}$$

联立式(5.1)—式(5.4)可得：

$$m\frac{\mathrm{d}^2 h}{\mathrm{d}t^2}+\pi r_0^2 Y\frac{\sqrt{1+\eta^2}\,(\eta-\sqrt{1+\eta^2})^2}{\sqrt{1+\eta^2}-\dfrac{\eta}{k}}=0 \tag{5.5}$$

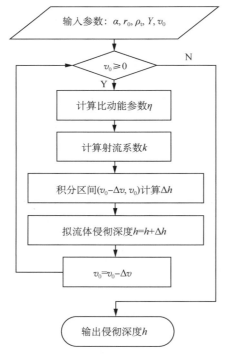

图 5.22　数值求解流程图

对式(5.5)积分，即可得到最终侵彻深度 h。由于式(5.5)无法求得其解析解，需要借助数值方法求解，利用 MATLAB 编程进行求解的流程如图 5.22 所示。

2. 珊瑚砂侵彻计算

1）模型验证

介质的强度特征值 Y 是进入拟流体侵彻阶段需克服的最小阻力，与颗粒微结构的破碎过程密切相关，文祝等[3]开展了珊瑚砂的动态压缩试验，试验使用厚壁钢圆筒约束珊瑚砂[图 5.23(a)]，形成一维压缩状态下的应力-应变状态，根据得到的应力-应变曲线[图 5.23(b)]可以看出，在应力值为 11 MPa 时应力-应变曲线出现拐点，可以理解为原砂样经压缩后从颗粒之间的弹性变形到发生了结构性破坏，介质产生了大量破碎，对应侵彻后的介质颗粒情况，因此可取该点作为介质的强度特征值：$Y=11$ MPa。

侵彻试验中，弹体侵彻近区的压力可表示为

$$p=\frac{1}{2}\rho_t v^2+Y \tag{5.6}$$

根据文祝等[3]得到的珊瑚砂平均应力和体应变的关系，有：

$$p=0.101+6.42\left[\left(\frac{1}{1-\varepsilon_V}\right)^{5.85}-1\right] \tag{5.7}$$

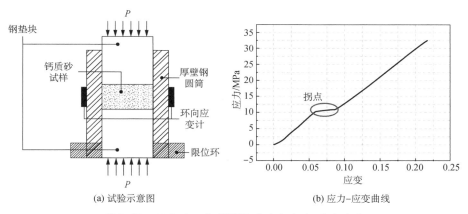

图 5.23　珊瑚砂一维 SHPB 试验和应力-应变曲线

$$\varepsilon_V = 1 - \frac{\rho_0}{\rho_t} \tag{5.8}$$

联立式(5.6)—式(5.8)，可得到破碎介质的密度 ρ_t 与不同侵彻速度 v 的关系式：

$$6.42\left(\frac{\rho_t}{\rho_0}\right)^{5.85} - \frac{\rho_t v^2}{2 \times 10^6} - 17.319 = 0 \tag{5.9}$$

当撞击速度为 $200 \sim 1\,000$ m/s 时，破碎介质密度 ρ_t 的最大值变化范围为 $1.37\rho_0 \sim 2.57\rho_0$。因此可取 $\rho_t = 1.6\rho_0$ 代入计算。

将试验参数代入模型中进行计算，其中，$\alpha = 55/180$ rad，$2r_0 = 14.5$ mm，$\rho_t = 1.6\rho_0 = 2\,008$ kg/m^3，$Y = 11$ MPa。

图 5.24 所示为射流系数 k 与比动能参数 η 的关系曲线，射流系数 k 随着侵彻速度 v 的减小（参数 η 的减小）不断减小，表明射流系数在弹体侵彻过程中是随着速度衰减而动态变化的。当侵彻速度很大（$\eta > 6$）时，k 不断接近于 1，这是由于随着侵彻速度的不断增大，拟流体区的半径 R 也不断增大造成的。

侵彻深度理论计算结果与试验结果对比如图 5.25 所示，可以看出，在试验速度为 $200 \sim 1\,000$ m/s 范围内，试验结果与理论曲线吻合较好，验证了模型的正确性。

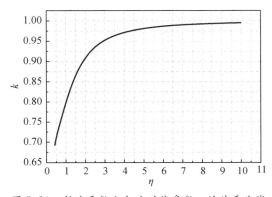

图 5.24　射流系数 k 与比动能参数 η 的关系曲线

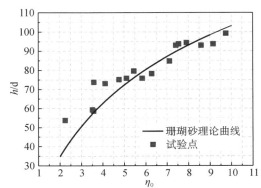

图 5.25　试验结果与理论曲线对比

2) 参数分析

由上述分析可知,刚性弹体在珊瑚砂靶体中的侵彻深度主要取决于弹体锥角、破碎介质密度以及介质强度特征值。

弹体锥角对侵彻深度的影响如图 5.26 所示。随着弹体锥角逐渐增大至 180°(平头弹),侵彻深度不断减小。

在拟流体区域Ⅰ中,介质破碎后的密度 ρ_t 不同,侵彻深度会发生变化。如图 5.27 所示,随着破碎介质密度的增大,侵彻深度不断减小。

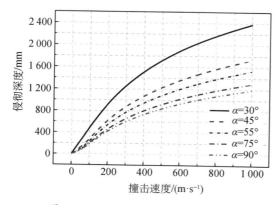

图 5.26　不同弹体锥角下侵彻深度
随撞击速度的变化

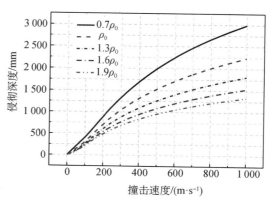

图 5.27　不同破碎介质密度下侵彻深度
随撞击速度的变化

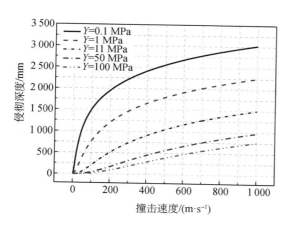

图 5.28　不同介质强度特征值下侵彻深度
随撞击速度的变化

介质强度特征值的增大会引起侵彻深度的减小,Y 在 0.1~100 MPa 范围内变化对侵彻深度的影响曲线如图 5.28 所示,可以看出,Y 从 0.1 MPa 增加到 100 MPa,侵彻深度不断减小。

3) 简化计算公式

由于建立的理论计算模型无法得到显式的侵彻深度计算公式,因此可以在确定关键参数的基础上得到反映侵彻机理的简化计算方法。为此根据式(5.5),引入无量纲弹性系数 N:

$$N = \frac{m}{\rho_t d^3 N^*}, \quad N^* = \frac{1}{1 + 4(L_n/d)^2} = \frac{1}{1 + \cot^2 \alpha} \tag{5.10}$$

由图 5.11 对无量纲参数 h/d、初始比动能参数 η_0 和弹性系数 N 进行拟合可得到如下关系式:

$$\frac{h}{d} = \left(\frac{m}{\rho_t d^3 N^*}\right)^{1.2} \left(\frac{\rho_t v_0^2}{2Y}\right)^{0.23} = N^{1.2} \eta_0^{0.46} \tag{5.11}$$

将破碎介质密度 ρ_t 由初始密度 ρ_0 表示,可将式(5.11)写为

$$\frac{h}{d}=0.634\left(\frac{m}{\rho_0 d^3 N^*}\right)^{1.2}\left(\frac{\rho_0 v_0^2}{2Y}\right)^{0.23} \tag{5.12}$$

拟流体侵彻理论公式(5.5)与无量纲简化计算公式(5.11)以及试验点的对比如图 5.29 所示,可以看出,三者相差很小,因此,式(5.11)可用来预测刚性弹体以不同初始速度撞击珊瑚砂靶体的最终侵彻深度。

需要强调的是,式(5.11)和式(5.12)是基于本节采用的珊瑚砂与小尺寸弹体垂直侵彻条件得到的,当弹体形状、珊瑚砂级配、含水率或初始密度变化时,式(5.11)和式(5.12)的计算结果尚需更多试验结果验证。

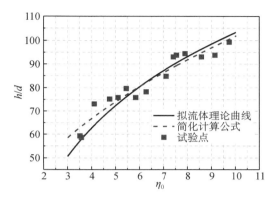

图 5.29　拟流体理论曲线、简化计算公式与试验结果对比

3. 石英砂侵彻计算

选用的石英砂为产自福建某海域的标准砂,魏久淇等[4]开展了相同石英砂介质的 SHPB 动态压缩试验,根据试验结果,取介质强度特征值 $Y=14$ MPa。根据 Laine 等得到的石英砂介质的压缩曲线,可拟合得到其状态方程,体应力-应变关系为

$$p=0.101+4\left[\left(\frac{1}{1-\varepsilon_V}\right)^{11}-1\right] \tag{5.13}$$

$$\varepsilon_V=1-\frac{\rho_0}{\rho_t} \tag{5.14}$$

联立式(5.6)、式(5.13)和式(5.14),可得到破碎介质密度 ρ_t 与不同侵彻速度 v 的关系式:

$$4\left(\frac{\rho_t}{\rho_0}\right)^{11}-\frac{\rho_t v^2}{2\times 10^6}-17.899=0 \tag{5.15}$$

可得到撞击速度为 $200\sim1\,000$ m/s 时,破碎介质密度 ρ_t 的最大值变化范围为 $1.27\rho_0\sim1.7\rho_0$。因此取 $\rho_t=1.35\rho_0$ 代入计算。

试验结果与理论计算结果对比如图 5.30 所示,可以看出,在试验速度为 $200\sim1\,000$ m/s 范围内,石英砂介质的试验结果与理论曲线基本吻合,说明拟流体侵彻模型适用于试验速度范围内的干砂侵彻计算。

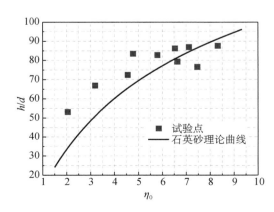

图 5.30　试验结果与石英砂理论曲线对比

5.3.2 Forrestal 侵彻计算模型

根据 Forrestal 等利用空腔膨胀理论建立的侵彻阻力模型：

$$F = \alpha_s + \beta_s v^2 = \frac{\pi d^2}{4}(\tau_0 A + N^* B \rho_0 v^2) \tag{5.16}$$

式中，d 为弹体直径；A 为弹体截面积；N^* 为弹头形状系数；τ_0 为介质的剪切强度；ρ_0 为介质材料初始密度；A，B 均为与靶体材料相关的无量纲系数，B 与靶体材料的压缩性相关，对于砂土类材料取 $B=1.2$。

锥形弹头形状系数为

$$N^* = \frac{1}{1 + 4(L_n/d)^2} \tag{5.17}$$

式中，L_n 为弹头长度；d 为弹体直径。

由牛顿第二定律得到弹体运动的微分方程为

$$m\frac{dv}{dt} = mv\frac{dv}{dh} = -F = -\frac{\pi d^2}{4}(\tau_0 A + N^* B \rho_0 v^2) \tag{5.18}$$

式中，m 为弹体质量；h 为侵彻深度。

利用初始条件和终止条件对式(5.18)进行积分，可求得弹体的最大侵彻深度为

$$h_0 = \frac{2m}{N^* B \rho_{0t} \pi d^2}\ln\left(\frac{N^* B \rho_{0t} v_0^2}{\tau_0 A} + 1\right) \tag{5.19}$$

式中，v_0 为弹体的发射速度；h_0 为最终侵彻深度。锥形弹头的 N^* 按式(5.20)计算：

$$N^* = \frac{1}{1 + 4[L_n/(2r_0)]^2} = \frac{1}{1 + 4(5.08 \text{ mm}/14.5 \text{ mm})^2} = 0.671 \tag{5.20}$$

利用表 5.3 中的试验结果，代入式(5.19)，拟合出珊瑚砂和石英砂中的阻力常数 $\tau_0 A$ 分别为：

珊瑚砂：$\tau_0 A = 2.544$ MPa，标准差 $\sigma = 0.16$ MPa

石英砂：$\tau_0 A = 2.986$ MPa，标准差 $\sigma = 0.37$ MPa

从而可得到两种砂的侵彻公式，试验结果与拟合曲线对比如图 5.31 所示。

由式(5.18)可推出弹体侵彻过程中的速度衰减公式：

$$h = \frac{2m}{B N^* \rho_{0t} \pi d^2}\ln\left(\frac{B N^* \rho_{0t} v_0^2 + \tau_0 A}{B N^* \rho_{0t} v^2 + \tau_0 A}\right) \tag{5.21}$$

由此可得到不同入射速度下弹体的速度衰减曲线，与试验中得到的速度衰减数据进行对比，可对模型进行验证。分别选择三种入射速度，珊瑚砂和石英砂中的弹体速度衰减曲线如图 5.32 所示，可以看出两种砂的试验点与计算结果吻合度较高。

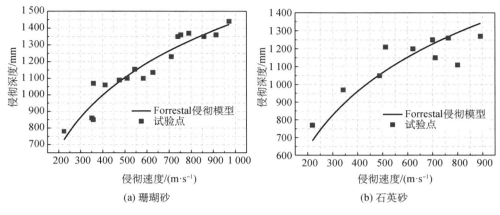

图 5.31　试验结果与拟合曲线对比

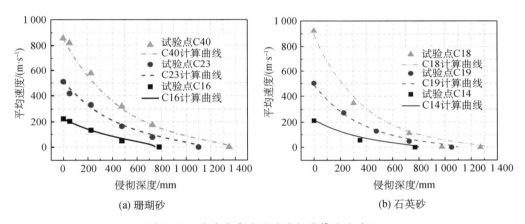

图 5.32　速度衰减试验结果与计算结果对比

5.3.3　YOUNG 侵彻计算公式

YOUNG 公式自从 1969 年发表以来,经过不断的修正改进,仍被广泛应用于土、岩石以及混凝土等介质的侵彻研究。当侵彻弹体质量小于 2 kg 时,认为 YOUNG 公式可能不适用,本试验采用的弹体平均弹重为 80 g,因此可以验证 YOUNG 公式在侵彻弹体质量小于 2 kg 时的有效性。

不同撞击速度下的侵彻深度为

$$h = 0.000\ 8SN(m/A)^{0.7}\ln(1 + 2.15v^2 10^{-4}),\ v < 61\ \text{m/s} \tag{5.22}$$

$$h = 0.000\ 018SN(m/A)^{0.7}(v - 30.5),\ v \geqslant 61\ \text{m/s} \tag{5.23}$$

式中,m 为弹体质量;A 为弹体截面积;v 为弹体的撞击速度;N 为弹头形状系数;S 为可侵彻指标;h 为侵彻深度。

砂土中 S 的取值由表 5.4 确定。

表 5.4 不同砂土可侵彻指标 S

砂的种类	S
致密、干燥、胶结砂,干钙结砂,块状石膏和亚硒酸盐矿床	2～4
沉积砾石,没有胶结的砂,非常坚硬和干燥的黏土	4～6
中等密度至松散、含水量不重要且不含胶结物的砂土	6～9
填充物质的砂土(S 取决于压实的水平)	8～10
中等含水量的坚硬淤泥和黏土,含水量在这些土壤中占主导地位	5～10
潮湿的淤泥和黏土,松散到很松软的表土	10～20
非常柔软、饱和的黏土,非常低的剪切强度	20～30
海洋黏土沉积物	30～60
YOUNG 公式可能不适用	＞60

锥形弹头形状系数为

$$N = 0.25L_n/d + 0.56 = 0.647\,6 \tag{5.24}$$

砂土类软靶体的轻质弹体修正系数 K_s 为

$$K_s = 0.27(\mathrm{m})^{0.4} = 0.098\,3 \tag{5.25}$$

由于砂土介质的多样性,S 的确定很困难,因此可利用试验得到的数据分别拟合出两种砂对应的可侵彻指标:

珊瑚砂:$S = 22$,标准差 $\sigma = 1.16$

石英砂:$S = 21$,标准差 $\sigma = 1.67$

YOUNG 公式对应的结果如图 5.33 所示,可以看出:试验速度下的 YOUNG 公式是线性的,珊瑚砂试验中 224 m/s 和 358 m/s 两个试验点的拟合结果与试验结果的差值分别为试验侵彻深度的 52% 和 42%,其余均在 30% 以内;石英砂试验点中 219 m/s 和 342 m/s 两个试验点的拟合结果与试验结果的差值分别为试验侵彻深度的 53% 和 38%,其余均在 30% 以内。

对于拟合得到的 S,对照 YOUNG 给出的参考表格可以看出:当 S 在 20～30 之间时,属于非常柔软、饱和的黏土,具有非常低的剪切强度;而对于珊瑚砂和石英砂两种砂来说,并不符合。

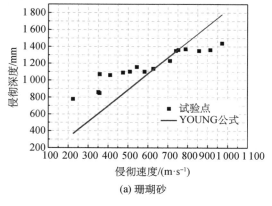

(a) 珊瑚砂

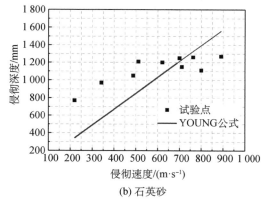

(b) 石英砂

图 5.33 试验结果与计算结果对比

由于 YOUNG 公式特殊的形式(过特定点且为线性)决定它无法与本节试验数据很好地吻合,因此,YOUNG 公式并不适用于预测刚性轻质弹体侵彻干砂的侵彻深度和速度衰减过程。

5.4　钻地弹侵彻岛礁地基数值仿真

5.4.1　AUTODYN 软件介绍

AUTODYN 是一款功能强大的有限元分析软件,可以对复杂几何形态材料大变形情况下的非线性动力学问题进行模拟计算,特别擅长多种冲击响应、爆炸、高速/超高速碰撞等问题。软件在解决这类问题时利用各种守恒定律和复杂的材料本构关系及边界条件等规律和约束,创建运动方程,通过显式积分和特定的计算手段求解,具体的求解过程根据求解器而定。

1. AUTODYN 软件的功能特点

AUTODYN 软件内有强大的材料库,能定义多种固体、液体和气体(例如:水、金属、陶瓷、土壤、空气、复合材料、玻璃、混凝土、炸药)。软件材料库中还可以找到绝大多数强度模型、状态方程、失效/损伤材料模型。状态方程有线性方程、理想气体状态方程、高能炸药状态方程等;强度模型有弹性模型、黏塑性模型、应变硬化模型、应变率硬化模型、热软化模型、多孔压缩模型、混凝土/土壤模型、陶瓷/玻璃模型等;失效模型有最大应力/应变模型、有效应力/应变模型、剪切损伤模型、正交各向异性损伤模型、Johnson Cook 模型、正交各向异性应力/应变模型、裂纹软化模型、随机性模型等。另外,用户还可以根据自己的需要指定模型。

2. AUTODYN 软件的算法

AUTODYN 软件拥有多种求解算法,其中 Lagrange、Euler、ALE 和 SPH 等求解器应用较为广泛。在处理同一问题时,可以选用不同的求解器对不同的部分进行计算,并可以将不同求解器的网格耦合在一起,进而处理非同一物态耦合的问题。

1) 拉格朗日算法(Lagrange)

采用拉格朗日算法时材料被限定在单元内部运动。拉格朗日算法在描述固体材料行为方面与其他算法相比具有很大优势。当发生的变形很大导致单元的网格变形也很大时,网格尺寸变小会影响计算效率,软件提供了网格重分和侵蚀两种解决方法。网格重分是指将原来网格的属性赋给新网格代替老网格。侵蚀是指在计算之初设立网格变形的限值,一旦网格变形达到限值,网格就会被自动删除,不影响后续的计算。

2) 欧拉算法(Euler)

欧拉算法的网格并不变形移动,材料可以在网格之间流出移动。欧拉算法对空气和流体有较好的应用,这些材料在发生变形时,网格是固定的,但材料可以根据网格的变形情况流动。欧拉算法的计算时间相对较长,强度失效状态和位移历程关系计算精度较低。

3) 任意拉格朗日-欧拉算法(ALE)

任意拉格朗日-欧拉算法在传统的拉格朗日算法的基础上发展而来,原理相似。计算网格并不是固定的,可以独立于物质坐标系和空间坐标系以任意的形式运动,在维持单元合理形状的同时对物体的移动界面进行准确描述。ALE 算法可以将拉格朗日算法和欧拉算法各自的优点结合在一起,增强了网格的灵活性。

4) 光滑粒子动力学算法(SPH)

SPH 算法是一种无网格(或自由网格)的数值计算方法。使用该方法不需要定义节点和单元,只需要使用一系列的点来代替。在 SPH 算法中,这些节点一般被认为是颗粒或伪颗粒。该方法适用于极度变形、液体晃动、弹道学、工程波、气体流动等场景,可定义与其他拉格朗日部件的接触,从而进行耦合计算。

在研究钻地弹不同初始速度对砂靶体侵彻深度的影响时,可通过 AUTODYN-2D 计算模块,并采用拉格朗日算法和 SPH 算法相耦合对其进行求解。数值计算可以直观地展示弹体侵彻靶体的全过程,可随时查看侵彻过程中弹体、靶体介质的受力和运动情况,这是试验所不具备的优势,通过对侵彻过程的观察分析,可对不同速度下钻地弹弹体侵彻砂体的过程与深度有直观的认识,为实际应用提供科学参考。

5.4.2 弹体侵彻深度数值仿真研究

计算过程中采用 AUTODYN 软件对弹体进行二维轴对称建模,并赋予弹体不同的初始速度来研究其对砂体侵彻深度的影响。

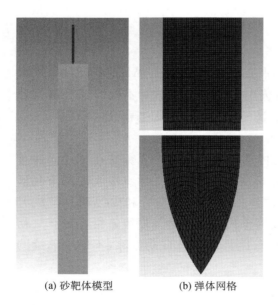

(a) 砂靶体模型　　　(b) 弹体网格

图 5.34　仿真模型

1. 仿真模型的建立

根据模型的实际尺寸,建立了如图 5.34 所示的 2D 仿真模型,其中弹体长度为 5.84 m,弹体直径为 370 mm,弧形弹头 $RHC=3$(即弹头的弧形半径/弹体直径=3),弹体质量为 2 130 kg。在保证计算速度同时确保计算精度的情况下,建立了深度为 30 m、宽 4 m 的砂靶体,如图 5.34(a)所示。弹体采用拉格朗日算法,网格尺寸为 10 mm,其网格图如图 5.34(b)所示;砂靶体采用 SPH 算法,SPH 颗粒尺寸设为 20 mm。弹体和靶体采用自动耦合计算,其接触部分放大如图 5.35所示。

当弹体与砂靶体上表面呈垂直状态时,这种情况下可达到最大的侵彻深度。因此选用该状态建立以上仿真模型。

安徽吉安特种线缆制造有限公司

吉安特缆　精工品质
传导未来　连接你我

安徽吉安特种线缆制造有限公司前身是原国家电力公司归口管理的安徽省天长市电力仪表线缆厂，已有20多年的发展史，产品广泛应用于航天、航空、军工、核电、水电、火电、冶金、石油、化工、玻璃和汽车制造等特殊行业和领域，覆盖全国20多个省、市、自治区，并出口东南亚、北欧等国家和地区，均得到了用户满意和信赖。近年来我公司在鞍钢集团、通钢集团、华电灵武电厂、大唐长山热电厂、华能威海电厂、中电投平东电厂、大庆油田、吉林石化和阿尔及利亚炼油等国内国际重点工程中多次中标，在同行业享有较高的知名度，社会和经济效益显著。

高新技术产品认定证书

产品名称：钢丝编织分屏互锁铠装仪表与信号电缆
所属单位：安徽吉安特种线缆制造有限公司
注册商标：吉安特
证书号码：340816410020
批准文号：滁科【2016】114号
期　限：2016年12月12日-2019年12月11日
颁证机关：滁州市科学技术局
颁证时间：2016年12月12日

安徽省科学技术厅监制

地址：安徽省天长市天康大道（西城开发区）　　邮编：239300　　网址：www.jat-dianlan.cn

邮箱：jian-group@163.com　　电话：+86-0550-7621118　　传真：+86-0550-7621111

全球领先的智慧能源、智慧城市系统服务商

中国500强

国内电缆行业大型上市公司

产销连续多年位居行业前茅

荣获全国质量奖

企业技术中心、博士后工作站和院士专家工作站

提升用户价值 承担社会责任

FESE
远东智慧能源

地址：中国宜兴远东大道8号　　　　邮编：214257

传真：0510-87241200 87247900　　网址：www. 600869. co

E-mail:wxyddl@600869.com　　　 股票代码：600869

电话：0510-87241999 87243666 87242500

宁波球冠电缆股份有限公司

QRUNNING CABLE

公司简介

　　宁波球冠电缆股份有限公司位于享有中国"东海明珠"美誉的浙江宁波市，毗邻世界第一大港口——宁波舟山港。主营电线电缆的研发制造和销售业务。公司是新三板创新层挂牌企业，证券简称：球冠电缆，股票代码 834 682。

　　球冠电缆业务始于 1990 年。2006 年成立的宁波球冠电缆股份有限公司全面承继了球冠电线电缆资产、业务和品牌。历经多年发展，公司已成为国家高新技术企业、浙江省电线电缆协会常务理事单位、宁波市电线电缆商会首任会长单位、宁波市综合百强企业及创业创新综合示范企业、银行资信 AAA 级企业，位列 2015 年中国线缆行业竞争力企业 50 强。

　　公司注册资本 12,000 万元，占地面积 18 万平方米，总资产 12 亿元。拥有国际领先的芬兰 MAILLEFER 和德国 TROESTER 500 kV 垂直式、110 kV 悬链式交联生产线、英国 BWE 金属护层挤包生产线、德国 SIKORA 测偏仪、德国 HIGHVOLT 工频谐振试验系统等生产、研发、检测装备。

　　公司拥有一个省级"工程技术中心"及院士工作站，承担了国家"863 计划"《320 kV 超高压直流电缆用聚合物基纳米复合绝缘料及电缆和附件的研制》项目课题、军工预研项目及多项省市重大科研项目，取得各项专利近 50 项。作为中国电缆行业标委会成员单位，公司参与起草了 500 kV 及以下电力电缆、环保型电线电缆、防鼠防蚁特种线缆等多项国家标准。

　　公司主导产品 500 kV 及以下高、中、低压电力电缆、轨道交通电缆、特种电气装备电缆、光纤复合电力电缆和军用稳相电缆，已广泛应用于国家电网、南方电网、轨道交通、石化、钢铁、军工、联合国维和部队工程建设及海外高端市场；产品在三峡电站、广州亚运、川藏联网和港珠澳大桥等国家重大工程项目应用质量稳定，安全可靠。

　　作为中国社会福利基金会"幸福中国"爱心企业、宁波市社会责任感企业的公司及董事长陈永明先生，始终不忘社会责任，积极回馈社会，已捐资数千万元参与贫困帮扶、社会慈善、灾区重建和军民共建等公益活动，为构建和谐社会做出积极贡献。

网址：www.qrunning.com　　　　邮箱：qiuguan@qrunning.com

电话：0574-86197402、86199818　　公众号："球冠电缆"或"nbqgdl"

企业简介

Enterprise brief introduction

　　圣安集团创建于1999年，地处长江三角洲沪、宁、杭中心，座落在美丽的太湖之滨——中国陶都宜兴市，紧邻锡宜高速宜兴西入口。集团旗下（圣安电缆有限公司、江苏万兴电力设计有限公司、江苏宝元电力工程建设有限公司）主营电线电缆产品的技术研发、生产、服务、设计及安装，企业生产装备先进，注重品质，重视服务。自主研究开发的多项拥有专利知识产权的产品，在国内居领先水平。公司是"江苏省高新技术企业"和"江苏省AAA级重合同守信用企业"，并荣获"江苏省质量奖"。产品分别获"国家免检产品""全国用户满意产品""江苏名牌产品"；圣安牌电线电缆是"江苏省著名商标"。

地址：江 苏 宜 兴 高 塍 范 道 圣 安 大 道 8号
电话：0510-87247666　　0510-87247001

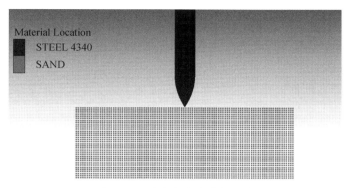

图 5.35　弹体和靶体接触细节

2. 材料的本构模型及参数

为了验证砂体状态方程参数对计算结果的影响,分别采用三种材料本构模型参数进行计算,其中,模型 1 和模型 2 为干砂,模型 3 为湿砂。三种不同材料模型的状态方程参数见表 5.5。此外还将干砂模型 1 和模型 2 与前期的子弹侵彻干砂试验结果进行对比,以确定用于数值计算的本构模型。

表 5.5　砂体状态方程参数

序号	1	2	3	4	5	6	7	8
$\rho/(\mathrm{g} \cdot \mathrm{cm}^{-3})$	2.29	2.33	2.37	2.41	2.45	2.48	2.51	2.53
P/MPa 干砂模型 1	125.52	148.16	178.44	212.96	250.31	298.13	326.71	363.21
P/MPa 干砂模型 2	117.6	128.35	144.20	159.48	173.35	189.76	199.10	210.13
P/MPa 湿砂模型 3	110.15	121.54	148.56	159.91	171.53	182.73	197.45	210.15

模型 1

该本构模型与相关参数的取值均来自 AUTODYN 的内置材料库 STEEL 4340。砂材料的选择利用 AUTODYN 内置材料库中的 SAND 材料模型,该模型是基于 Laine 等开展的石英砂介质三轴剪切试验、压缩试验等得出的石英砂状态方程、声速、纵波和剪切波波速、剪切模量等随密度变化过程的一系列参数而得到的,强度模型采用由密度决定的颗粒强度模型,并以列表的形式输入。

模型 2

任意初始密度的干燥珊瑚砂的塑性体积压缩曲线均符合第 3 章提到的 Murnagham 方程[式(3.66)],该公式中具有 k 和 n_{k} 两个材料常数,当试样瞬时密度小于 1.75 $\mathrm{g/cm^3}$ 时,可参照式(3.67)对 k 和 n_{k} 进行取值;当试样瞬时密度大于 1.75 $\mathrm{g/cm^3}$ 时,其材料常数取为 $n_{\mathrm{k}} = 5.46$, $k = 50.1$, $\rho_0 = 1.42$ $\mathrm{g/cm^3}$。

模型 3

如前所述,由于潮湿珊瑚砂具有锁变现象,因此对于潮湿珊瑚砂塑性体积压缩曲线的确定,可沿用第 3 章式(3.68)和式(3.69)的分段函数形式。三种含水率珊瑚砂试样的拟合参数如表 3.19 所示。

弹体模型尺寸及网格设置如图 5.36 所示,弹体中部为空腔,质量为 80 g。

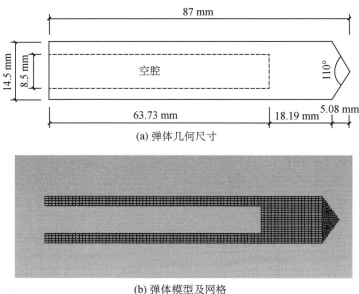

(a) 弹体几何尺寸

(b) 弹体模型及网格

图 5.36　弹体几何尺寸及网格设置

以弹体初速度为 411 m/s 为例,图 5.37 给出了不同时刻下,子弹对三种不同状态方程砂体的侵彻过程。

针对图 5.37 的结果进行分析,得到不同模型下干砂的最终侵彻深度与试验结果的对比(表 5.6)。

表 5.6　不同模型下干砂侵彻深度与试验结果对比

工况描述	初始速度/(m·s⁻¹)	侵彻深度/mm
试验结果	411	1 090
模型 1	411	1 030
模型 2	411	960

从表 5.6 可以看出,在 411 m/s 的子弹初速度情况下,试验结果的侵彻深度为 1 090 mm,略大于计算过程中模型 1 和模型 2 的侵彻深度。其中,模型 1 的侵彻深度计算结果为 1 030 mm,与试验结果 1 090 mm 相比误差更小。因此,后续仿真均选用模型 1 的状态方程对钻地弹侵彻干砂过程进行计算。

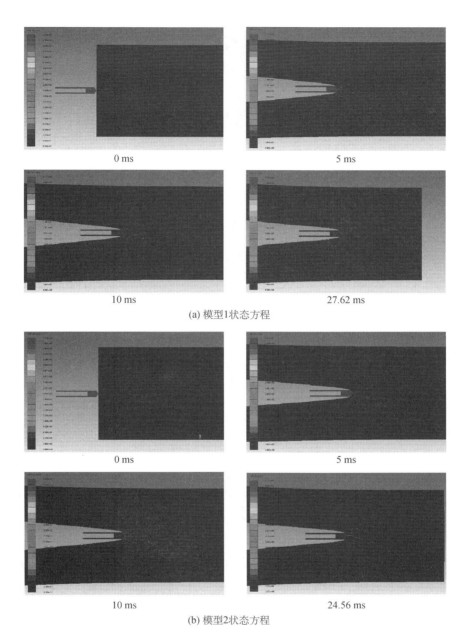

(a) 模型1状态方程

(b) 模型2状态方程

图 5.37　不同状态方程下子弹侵彻过程

3. 求解设置

AUTODYN 对于求解二维平面对称问题有着强大的计算能力,可有效缩短计算时间。根据弹体侵彻砂靶体的对称性,计算模型采用二维轴对称模型。求解算法选择拉格朗日算法和 SPH 算法耦合进行计算。由于侵彻过程中弹体的大变形会导致网格的扭曲畸变,影响计算精度甚至会导致计算停止,因此需采用侵蚀模型预先设置网格畸变的最大限度,达到该限度后,相应单元被侵蚀,不再与原网格连接,从而保证计算的顺利进行与计算精度。计算模型如图 5.38 所示。

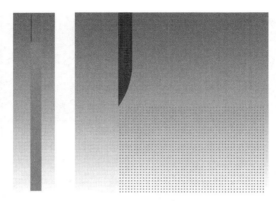

图 5.38　二维轴对称模型

计算过程中设计弹体的初始撞击速度为 224 m/s，400 m/s，500 m/s 和 1 000 m/s 四种工况，且均为垂直侵彻。

4. SPH 颗粒尺寸计算无关性验证

仿真过程中先采用靶体颗粒粒径为 10 mm 进行计算，而后采用颗粒粒径为 20 mm 进行计算，并对比初始速度为 224 m/s 时相同时刻其剩余速度与侵彻深度，验证 SPH 颗粒尺寸对计算结果的影响。不同时刻的对比结果如图 5.39 所示，其中左图为颗粒粒径 10 mm 工况，右图为颗粒粒径 20 mm 工况。

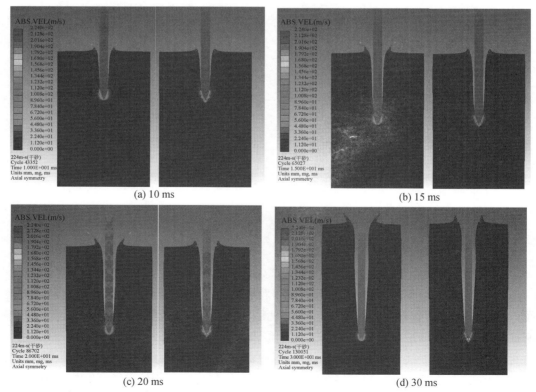

图 5.39　SPH 模型下颗粒粒径为 10 mm，20 mm 时的剩余速度与侵彻深度对比

　　由上述分析可知,初始速度为 224 m/s 时,不同时刻(10 ms,15 ms,20 ms,30 ms)颗粒尺寸为 10 mm 和 20 mm 工况的侵彻深度相同,且速度基本相同,因此可认为这两种颗粒尺寸对弹体侵彻深度和速度基本无影响。考虑合理利用计算资源,因此采用 20 mm 粒径进行仿真计算。

5.4.3　数值计算结果

弹体到达不同侵彻深度(5 m,10 m,15 m,20 m)所需要的时间如图 5.40 所示。

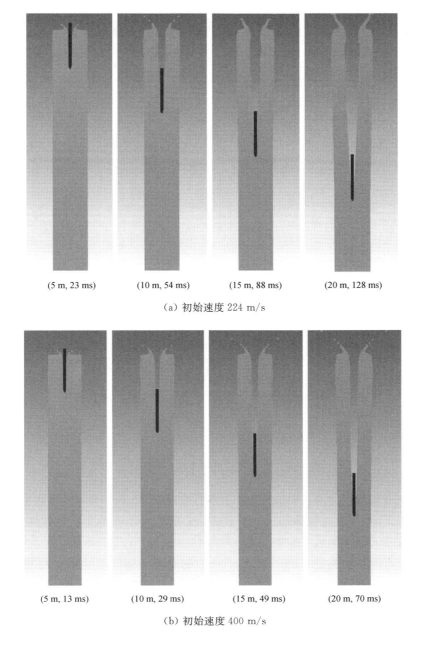

(5 m, 23 ms)　　　(10 m, 54 ms)　　　(15 m, 88 ms)　　　(20 m, 128 ms)

(a) 初始速度 224 m/s

(5 m, 13 ms)　　　(10 m, 29 ms)　　　(15 m, 49 ms)　　　(20 m, 70 ms)

(b) 初始速度 400 m/s

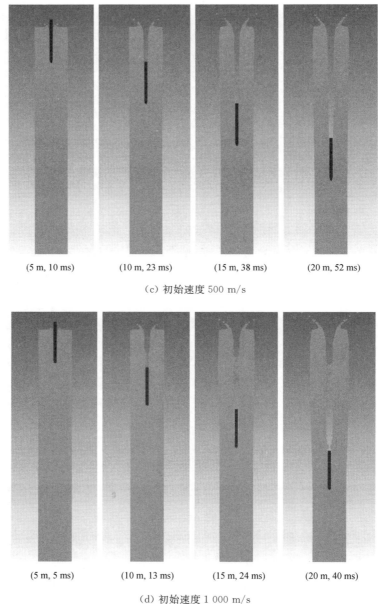

| (5 m, 10 ms) | (10 m, 23 ms) | (15 m, 38 ms) | (20 m, 52 ms) |

(c) 初始速度 500 m/s

| (5 m, 5 ms) | (10 m, 13 ms) | (15 m, 24 ms) | (20 m, 40 ms) |

(d) 初始速度 1 000 m/s

图 5.40　弹体侵彻深度变化过程

　　分析整个侵彻过程可知:弹体在侵彻砂体的过程中,弹体头部的砂体颗粒被挤压形成了密度增大的压缩区;随着弹体的进一步侵彻,压缩区的砂被排开至弹体两侧,同时在弹体和两侧的压缩区之间形成了空腔。

　　通过对比不同初始速度下的侵彻过程可知:随着弹体初始速度的增大,侵彻相同深度所需时间减少。初始速度为 224 m/s 时,侵彻至 20 m 深度需要 128 ms;初始速度为 1 000 m/s 时,侵彻至 20 m 深度需要 40 ms。

　　不同初始速度侵彻过程中弹体受力情况如图 5.41 所示。

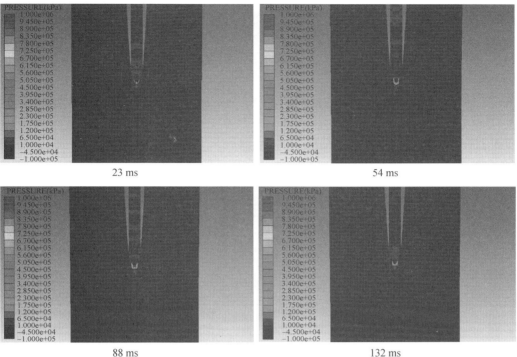

23 ms　　　　54 ms

88 ms　　　　132 ms

（a）初始速度 224 m/s

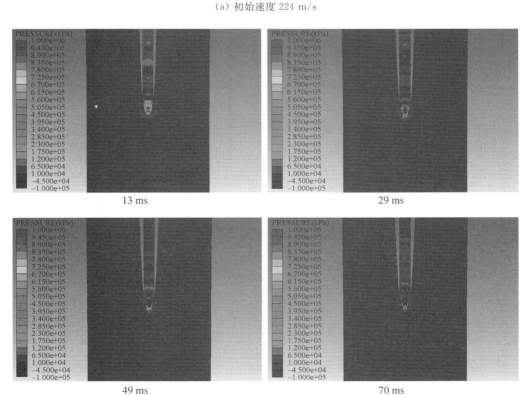

13 ms　　　　29 ms

49 ms　　　　70 ms

（b）初始速度 400 m/s

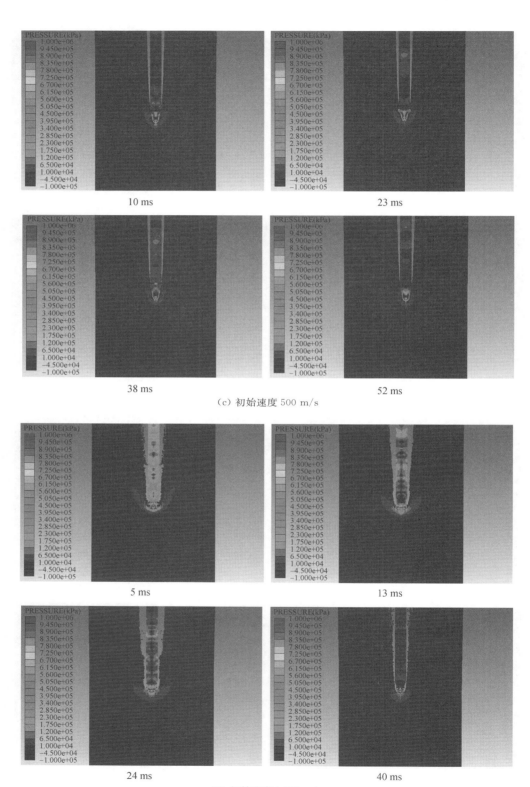

10 ms

23 ms

38 ms

52 ms

（c）初始速度 500 m/s

5 ms

13 ms

24 ms

40 ms

（d）初始速度 1 000 m/s

图 5.41 弹体受力过程

观察不同初始速度的弹体垂直侵彻过程可以发现,弹体的压力主要集中在弹尖部分,弹体侧面承受的压力较小。对比不同初始速度下相同侵彻深度时弹体的受力情况可以发现,随着初始速度的增大,弹尖部分承受的最大压力大幅增大。初速度较大状态下弹尖变形情况更为明显。对比单个初始速度在不同侵彻深度时弹体的受力情况可以发现,随着侵彻深度的增加,速度不断衰减,弹尖部分的最大压力减小。

5.4.4　侵彻深度分析

1. 理论预测结果分析

此处采用 YOUNG 方程预估弹体的侵彻能力,其表达式为

$$h = 0.000\,018SN\left(\frac{m}{A}\right)^{0.7}(v - 30.5) \tag{5.26}$$

式中,m 为弹体质量,已知为 2 130 kg;A 为弹体截面积;v 为弹体的撞击速度,在此分别为 224 m/s,400 m/s,500 m/s,1 000 m/s;S 为可侵彻指标,查阅资料可知,通常土壤靶的 S 取值为 8 ~ 10,此处可取 10 进行计算;N 为弹头形状系数,计算公式如下:

$$N = 0.18(CRH - 0.25)^{0.5} + 0.56 \tag{5.27}$$

代入数据可求得 $N = 0.858\,5$。

将上述参数代入式(5.26)可得弹体初始速度为 224 m/s,400 m/s,500 m/s,1 000 m/s 时的理论侵彻深度,具体见表 5.7。

表 5.7　不同初始速度下的理论侵彻深度

初始速度/(m·s⁻¹)	224	400	500	1 000
理论侵彻深度/m	30.44	58.12	73.85	152.54

从表 5.7 中可以看出,4 种初始速度下的理论侵彻深度均大于 30 m。其中,224 m/s 初始速度下的理论侵彻深度为 30.44 m;1 000 m/s 初始速度下的理论侵彻深度为 152.54 m。

2. 数值仿真结果分析

根据仿真结果,不同初始速度下弹体均穿透了 30 m 厚的砂土靶体,弹体到达靶体末端时的剩余速度如图 5.42 所示。

从图中可以看出,侵彻至靶体底部时,不同初始速度(224 m/s,400 m/s,500 m/s,1 000 m/s)下的剩余速度分别为 91 m/s,183 m/s,241 m/s,168 m/s。通过经验公式计算得出还可侵彻的深度分别为 9.52 m,23.99 m,33.12 m,21.63 m,总侵彻深度分别为 39.52,53.99 m,63.12 m,51.63 m,具体见表 5.8。

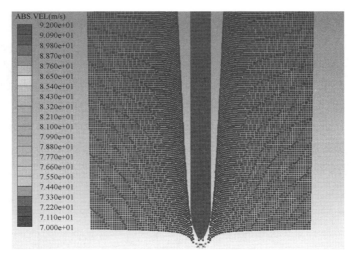

(a) 初始速度 224 m/s

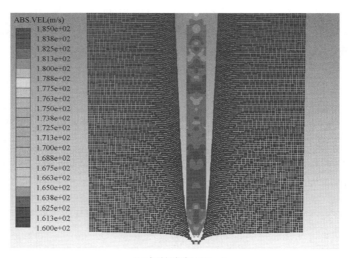

(b) 初始速度 400 m/s

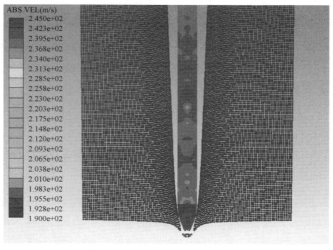

(c) 初始速度 500 m/s

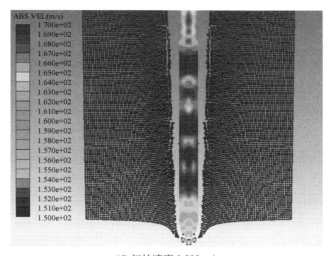

(d) 初始速度 1 000 m/s

图 5.42　弹体剩余速度

表 5.8　不同初始速度下的理论侵彻深度

初始速度/ (m·s⁻¹)	侵彻深度为 30 m 时的 剩余速度/(m·s⁻¹)	剩余速度理论 侵彻深度/m	总侵彻深度 (仿真＋理论)/m
224	91	9.52	39.52
400	183	23.99	53.99
500	241	33.12	63.12
1 000	168	21.63	51.63

　　与理论侵彻深度相比,在 1 000 m/s 的初始速度下,其侵彻深度差异较大。这是由于理论计算中将弹体作为刚体进行计算,而仿真过程中由于弹头在高速情况下所受压力过大产生了严重的塑性变形,导致侵彻过程中阻力增大,速度下降过快。其他三种速度下其弹头变形相对较小,侵彻深度与理论预测值基本相符。

　　为了得到含水率对侵彻深度的影响,采用材料本构模型 2 和模型 3 通过数值计算分别得出钻地弹对干砂和湿砂侵彻深度的影响,结果见表 5.9,可见含水率对侵彻深度的影响并不大。根据表中计算结果可知,随着初始速度增大,侵彻深度将会进一步加大,由于珊瑚礁砂覆盖层厚度有限,因而只进行了初始速度为 224 m/s 的算例。

表 5.9　不同含水率砂侵彻深度与试验结果对比

工况描述	初始速度 /(m·s⁻¹)	侵彻深度为 30 m 时的 剩余速度/(m·s⁻¹)	剩余速度理论侵彻 深度/m
模型 2(干砂)	224	86	8.73
模型 3(湿砂)	224	84	8.42

根据数值模拟结果,当钻地弹垂直侵彻珊瑚礁砂时,含水率对侵深结果影响不大,可以按照干砂的状态方程近似计算。

参考文献

［1］KOLSKY H. An investigation of the mechanical properties of materials at very high rates of loading［C］//Proceedings of the Physical Society B，1949，62(11)：676.

［2］SONG B，CHEN W. Loading and unloading Split Hopkinson Pressure Bar pulse-shaping techniques for dynamic hysteretic loops［J］. Experimental Mechanics，2004，44(6)：622-627.

［3］文祝,邱艳宇,紫民,等. 钙质砂的准一维应变压缩试验研究［J］.爆炸与冲击,2019(3):1-11.

［4］魏久淇,吕亚茹,刘国权,等. 钙质砂一维冲击响应及吸能特性试验［J］.岩土力学,2019,40(1):191-198.

［5］GUREVICH M I. The theory of jets in an ideal fluid［M］. London：Pergamon Press Ltd. ，1966：113-116.

［6］苗伟伟,程怡豪,文祝,等.不同头部形状弹体侵彻石英砂的试验研究［J］.防护工程,2017,39(5)：6-12.

第6章

总 结 与 展 望

　　珊瑚砂特殊的颗粒特性,使其表现出异于一般陆源砂的工程力学特性。近十年来,我国在南海开展了一系列岛礁及海岸工程,而珊瑚砂作为珊瑚砂地基的主要填筑材料,系统深入地研究珊瑚砂的静、动力学特性和抗侵爆效应,是确保岛礁工程长期安全稳固的前提与基础。为研究珊瑚砂动态力学特性及爆炸波传播规律,解决珊瑚砂地基侵爆效应防护的基础问题,本书通过对珊瑚砂力学试验结果的分析,重点介绍了珊瑚砂地基在爆炸冲击荷载作用下的力学响应特征、侵彻效应、爆炸效应和爆炸液化特性。本书是对珊瑚砂在冲击荷载下动力特性的初步研究,结论对后续珊瑚砂力学特性的研究具有十分重要的借鉴意义。

6.1　结论与成果

　　本书在充分借鉴国内外已有研究成果的基础上,以试验研究为主,结合理论方法和数值模拟,对爆炸参数及珊瑚砂的基本物理性质对爆炸地冲击传播衰减规律的影响、珊瑚砂地基在爆炸荷载作用下的液化行为及其液化判据、岛礁珊瑚砂地基抗侵彻能力等方面进行了深入的阐述。基于SHPB试验技术研究了含水率对非饱和珊瑚砂动态力学特性的影响规律,分析了非饱和珊瑚砂锁变现象中试样的变形机制;通过大尺寸爆炸模型试验,系统分析了含水率、药包埋深和药包质量对非饱和珊瑚砂中爆炸波传播规律的影响,总结了集团装药情况下非饱和珊瑚砂中的爆炸效应,确定了爆炸波作用下砂土颗粒发生明显破碎现象的范围,成果最终可概括为一个本构模型(珊瑚砂动态本构模型)和三种计算方法(珊瑚砂地基爆炸地冲击传播衰减计算方法、爆炸荷载作用下珊瑚砂地基峰值孔压比计算方法和珊瑚砂地基抗侵彻工程计算方法)。具体的结论与成果如下。

6.1.1　爆炸荷载地冲击传播衰减规律

1. 珊瑚砂从准静态到中高应变率下的本构模型

(1)通过三轴单调加载试验,观察珊瑚砂在低应变率下的应变发展特性以及孔隙水压力的发展趋势。

① 珊瑚砂的应力-应变曲线可以分为峰前和峰后两个部分,其体积变形表现出先剪缩后剪胀的趋势。从应变软化速率角度,可以将干燥珊瑚砂和排水条件下饱和珊瑚砂的峰后应变软化进一步分为三个阶段:加速阶段、稳定阶段以及衰退阶段。而对于不排水条

件下,饱和珊瑚砂的峰后软化是一个两阶段的双曲线形。基于这一特征,提出以双曲线函数和反 S 函数分别描述珊瑚砂峰前和峰后的应力-应变关系,并与试验结果进行对比验证,发现该模型能够较好地描述珊瑚砂的全应力-应变关系。

② 基于强度发挥的理论分析可知,珊瑚砂的静力变形是摩擦-咬合强度的一个不同步的先硬化后软化过程。由于孔隙水的存在会改变颗粒间的接触状态,各强度分量的发挥过程会受孔隙水压力变化的影响。

(2) 对不同初始密度、不同含水率的珊瑚砂进行了中、高应变率加载试验,阐述了干燥珊瑚砂与潮湿珊瑚砂动力特性的差异。

① 应变率在 242~1 394 s^{-1} 范围内的非饱和珊瑚砂的压缩特性无明显率效应。

② 对于干燥珊瑚砂,当轴向应力小于 20 MPa 时,其可压缩性及应力-应变曲线的非线性程度均随试样初始密度的增大而减小;当轴向应力大于 20 MPa 时,试样的 e-$\lg \sigma$ 曲线基本与其初始密度无关。

③ 干燥珊瑚砂的轴向应力-应变曲线呈递增硬化特征,而潮湿珊瑚砂的轴向应力-应变曲线则由递减硬化过渡为递增硬化。当轴向应变小于 0.025 时,潮湿珊瑚砂的切线压缩模量显著高于干燥砂,当轴向应变大于 0.025 时则相反。

④ 在达到锁变应变之前,潮湿珊瑚砂的切线模量随含水率的提高先减后增。非饱和珊瑚砂的锁变应变约等于初始状态下单位体积试样中的气体含量,其锁变模量值约为 2.34 GPa。锁变稳定阶段中砂土变形主要来自土骨架的塑性压缩和孔隙水的弹性压缩。当试样从锁变稳定状态下卸载时,砂土的变形主要来自固体颗粒和孔隙水的弹性卸载。

2. 珊瑚砂爆炸波传播规律

(1) 使用平行布置的导爆索,在干燥珊瑚砂、潮湿珊瑚砂及干燥石英砂三种松散试样中开展了爆炸模型试验,获得了不同测点位置处的应力时程曲线,同时对这三种试样进行了准静态加载。

① 当使用平行布置的导爆索作为爆源时,在距离装药平面 4 倍导爆索间距位置处的爆炸波可近似看作平面爆炸波。对于试验所用的三种砂土试样,平面爆炸波应力峰值的衰减规律相同,其应力衰减系数均约为 1.51。在相同比例距离处,砂土中平面爆炸波的应力峰值随试样可压缩性的提高而降低。

② 在比例距离为 1.3~5.2 m^3/kg 的范围内,平面爆炸波主要以冲击波的形式在松散的干燥珊瑚砂和干燥石英砂中传播,而以连续波的形式在松散的潮湿珊瑚砂中传播。

③ 当法向应力峰值大于 0.8 MPa 时,塑性密实固体模型及冲击波理论可用于计算松散的干燥珊瑚砂和干燥石英砂中平面爆炸波法向应力峰值的衰减规律。

(2) 通过对密实珊瑚砂进行一系列大尺寸爆炸模型试验,总结了非饱和珊瑚砂中的爆炸效应,介绍了在不同药包质量、药包埋深和试样含水率条件下密实珊瑚砂中爆炸波的传播衰减规律。

① 在试验范围内,密实珊瑚砂中爆炸波的传播衰减规律服从爆炸相似律。

② 当集团药包的比例埋深为 2.25 m/kg$^{1/3}$ 时,在不同含水率的珊瑚砂中进行的爆炸试验均属于封闭爆炸。在封闭爆炸情况下:干燥珊瑚砂中爆炸波应力峰值的衰减速率随

新亚特电缆股份有限公司
Siait Cable Co.,Ltd.

企业精神：锐意进取，实干兴业

经营理念：诚信、品牌、双赢、感恩

企业目标：创世界品牌、做一流企业

新亚特电缆股份有限公司全景图

研发中心

　　新亚特集团是由安徽新亚特电缆集团有限公司、新亚特电缆股份公司、内蒙古铜冠有色金属有限公司组成，公司总资产22.5亿元人民币，员工1150人，是中国海油、中国石油、中国石化、国家电网、南方电网、国家五大电力公司、神华集团及中煤集团等重大行业的优秀供应商。

　　公司先后荣获"国家火炬计划重点高新技术企业""国家企事业单位知识产权试点企业""全国安康杯优胜企业""全国守合同重信用企业"等荣誉称号。已通过ISO9001、ISO14000、OHSAS18000、GJB9000和美国APIQ1等管理体系认证和CCC、MA、CCS、PCCC、欧盟CE、美国UL、美国API、挪威DNV、黄国RL、俄罗斯GOST、德国TUV等产品认证以及AAA级计量管理体系认证、AAA级标准化良好行为企业认定。

地址：中国芜湖市弋江区高新技术开发区

电话：0553-3028888　　网址：http://www.siait.com.cn

物资网
WUZI.COM

第三方电子招标与采购交易服务平台
企业电子采购与集采服务专属提供商

国信佰策供应链管理股份有限公司专注机电行业及相关材料领域，以产品技术、价格、品牌竞争力、质量管控等大数据为依托，专业化招标与采购平台为聚合，帮助用户" 买东西 "并撮合供应链金融，实现共赢。

帮助用户买东西：

- ◎ 专业软件系统，安全公信便捷
- ◎ 海量供应商库，轻松一键寻源
- ◎ 实时价格参考，辅助合理决策
- ◎ 第三方质量管控，无忧采购品质
- ◎ 集采降本增效，JIT 直供贴心省力
- ◎ 阳光采购，吸引优质供应商协同
- ◎ 来源可溯，质量可信，用户信赖
- ◎ 电子交易资产化，适时融资不难

电线电缆行业 "通用产品库"

通用产品标准、工艺、定额的规范词典

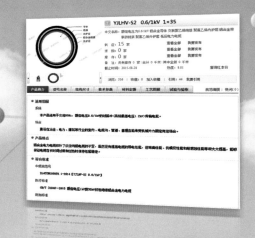

◎ 影响
- ☐ 统一电线电缆产品型号命名规则
- ☐ 应用电商平台，快速引用发布商品
- ☐ 设计选型、交易保障的规范参考
- ☐ 涵盖常见线种，拥有数百万规格

◎ 荣誉
- ☐ 获国家电线电缆质量监督检验中心标准认证
- ☐ 获得实用新型专利（ZL 2012 2 0069828.9）

中缆在线电线电缆技术团队打造　http://chanpin.dianlan.cn

物资云
WUZI.CN

产品标准、质量管控、品牌供应商、市场价格等大数据在线词典
企业电子招标与采购交易系统信赖的第三方共享数据接口—BOM

工业大数据平台 · 创新产品秀场　第三方质量管控服务专家

■ 让物资说话
　助用户决策
　赢行业信赖

■ 专注、卓越、
　分享、责任

■ 成为全球权威的
　工业大数据服务商

■ 完善产品标准规范，助
　力用户采购"性价比高
　的"品牌产品，积极推
　进行业供给侧改革

　　物资云（wuzi.cn）是国信云联数据科技股份有限公司整合中缆在线（dianlan.cn）、中仪在线（yibiao.cn）、中阀在线（famen.cn）、电气网（dianqi.cn）、机电网（jidian.cn）、物资网（wuzi.com）、企信在线（xincn.com）等行业知名平台的数据资源，竭力打造的工业大数据平台、创新产品推介秀场。

　　物资云以在线 BOM 形式，专业提供产品技术规范书、招标控制价、供应商寻源、质量管控等大数据服务，帮助采购人知己知彼，降本提质增效，现已成为企业电子招标与采购交易系统信赖的第三方共享数据接口。

国信云联数据科技股份有限公司

工业大数据平台 · 创新产品秀场　第三方质量管控服务专家

北京分部
地址：北京市 东城区 东中街 9 号 东环广场 A 座 5 层
邮编：100027　　邮箱：189 1015 3773@189.cn

安徽总部
地址：安徽省 天长市 经济开发区 天康大道北经五路东
邮编：239300　　邮箱：189 0110 5139@189.cn

传播距离的增加而降低,而折合比冲量的衰减速率不变;潮湿珊瑚砂中爆炸波应力峰值的衰减速率随试样含水率的提高而增大,但折合比冲量的衰减速率随含水率的提高而降低。

③ 当药包比例埋深减小至 0.75 $m/kg^{1/3}$ 时,干燥珊瑚砂中爆炸波应力峰值的大小及衰减规律均不变,折合比冲量的大小将减小至封闭爆炸情况下的 73%;当比例埋深减小为 0 $m/kg^{1/3}$ 时,不同比例爆心距处的爆炸波应力峰值将下降 27%~60%,且衰减速率将略微增加,折合比冲量将减小至封闭爆炸情况下的 21%。

④ 爆炸波作用下珊瑚砂颗粒破碎程度主要由爆炸波应力峰值决定,当应力峰值小于 7 MPa 时,珊瑚砂中几乎不发生颗粒破碎现象。

3. 珊瑚砂地冲击效应计算方法

结合 SHPB 试验、平面爆炸波模型试验及集团装药爆炸模型试验,总结了动力荷载作用下珊瑚砂的力学特征,建立了非饱和珊瑚砂的计算模型,并使用该模型计算了密实珊瑚砂中球面爆炸波应力峰值的衰减规律,通过与试验结果对比验证了计算模型的合理性。

(1)根据平面爆炸波的试验结果可知,珊瑚砂的动态压缩曲线(应变率在 10^2~10^3 s^{-1} 数量级内)与准静态压缩曲线(应变率为 10^{-3} s^{-1})有较大差异。但在 SHPB 试验研究的应变率范围内(242~1 394 s^{-1}),非饱和珊瑚砂的准一维应变压缩力学特性无明显率效应。由此可知,珊瑚砂的力学特性仅在应变率发生几个数量级的变化时才会有明显变化,因此可以采用弹塑性模型计算珊瑚砂中爆炸波的衰减规律。

(2)通过对 SHPB 试验中试样的轴向应力-应变曲线以及侧压力系数变化规律的分析,确定了干燥珊瑚砂与潮湿珊瑚砂中屈服函数、塑性体积压缩曲线及卸载曲线的函数形式,建立了非饱和珊瑚砂的弹塑性模型。通过与爆炸试验数据对比可知,弹塑性模型能够较为准确地计算应力峰值在 1~60 MPa 范围内爆炸波的衰减规律。

(3)对于松散珊瑚砂,含水率仅会影响爆炸波应力峰值的大小,不会影响其衰减规律;而在密实珊瑚砂中,不同含水率试样中爆炸波应力峰值和折合比冲量的衰减规律具有很大差异。

6.1.2　爆炸液化行为和液化判据

通过研制一维冲击压缩荷载作用下饱和砂液化特性试验装置,合理设计爆炸液化模型试验,采用试验与数值模拟相结合的方法,研究饱和珊瑚砂液化特性,确定其液化判据。

1. 珊瑚砂在爆炸荷载作用下的液化行为

(1)在爆炸荷载作用下,比例爆距小于 1.4 $m/kg^{1/3}$、峰值粒子速度大于 1.38 m/s 或峰值应变大于 0.44% 时,三相饱和珊瑚砂会发生爆炸液化;比例爆距大于 2.9 $m/kg^{1/3}$、峰值粒子速度小于 0.473 m/s 或峰值应变小于 0.15% 时,三相饱和珊瑚砂中几乎没有超孔隙水压力产生。炸药当量及起爆方式会影响砂土重固结前的初始结构状态(渗透系数、压缩系数及孔隙比),从而对超孔隙水压力的消散产生重要影响。超孔隙水压力的长时消散遵循指数衰减规律。

(2)分析了珊瑚砂的爆炸液化物理机制,认为三相饱和珊瑚砂的抗爆炸液化能力高于其他一般砂的原因主要有三个方面:

① 由于珊瑚砂颗粒易破碎,爆炸的能量被大量损耗在破坏区,导致同样比例爆距下,珊瑚砂的动力响应弱于其他一般砂。

② 由于颗粒的破碎会释放非饱和内孔隙,增加孔隙流体中的气体含量,使得孔隙流体的压缩模量减小,导致珊瑚砂的孔隙流体较其他一般砂分配到的荷载分量小。

③ 由于珊瑚砂颗粒表面多孔且存在大孔隙,使得孔隙水在骨架中易发生渗流,加强了消散效应,减弱了积聚作用。

2. 一维冲击压缩荷载作用下饱和砂液化特性试验装置

(1) 研制的饱和砂土的一维冲击试验装置,能够制取饱和试样并建立围压环境和初始有效应力,能够较好地控制冲击荷载的峰值范围(0.9～1.0 MPa);可以根据测得的冲击荷载的大小和孔压变化,分析得到适合试验所用砂样的经验 PPR 预测模型。

(2) 单次冲击下难以发生液化。初始有效应力高的试样,峰值粒子速度和 PPR 值减小明显;高相对密度、高初始有效应力的饱和珊瑚砂试样可以在多次一维冲击下发生液化,其发生液化的难度大于低初始相对密度、低初始有效应力的试样。对于初始有效应力为 345 kPa 的饱和珊瑚砂土体,当累积峰值应变达到 0.5% 时,才可能发生液化。

3. 饱和珊瑚砂的动力液化模型

(1) 通过分析珊瑚砂的颗粒特征(不规则颗粒形状、内孔隙及颗粒易破碎)对其宏观力学行为的影响机制,对有效应力模型进行了修正。通过与试验结果的对比,证实了该模型能够表现出珊瑚砂颗粒特征对其液化特性的影响:不规则颗粒形状会削弱其抗液化能力,而颗粒多孔且含内孔隙及颗粒易破碎会使其抗液化能力得到增强。

(2) 基于修正的有效应力模型,通过理论分析和数值计算可知,饱和珊瑚砂与饱和石英砂对地震或爆炸荷载响应的剧烈程度会有所不同,但无论是发生地震液化的可能性,还是发生爆炸液化的可能性,珊瑚砂均低于石英砂。

6.1.3 抗侵彻能力

建立珊瑚砂侵彻理论计算模型,合理设计侵彻试验(弹径 14.5 mm,弹重 80 g,弹速 1 000 m/s 以下)进行验证,得到适合工程应用的珊瑚砂地基抗侵彻效应计算方法。

1. 适合工程应用的侵彻效应计算方法

(1) 采用 110° 锥形头部弹体(弹径 14.5 mm,弹重 80 g)进行 200～1 000 m/s 速度范围内的珊瑚砂侵彻试验,并与石英砂侵彻进行对比。

① 弹体侵彻两种靶体后,弹体的磨蚀划痕情况、介质破碎、弹道偏转等规律基本一致。在两种靶体中,弹体的入射姿态与偏移量之间没有明显的单调变化趋势。

② 在垂直入射的条件下,弹体在珊瑚砂和石英砂介质中的侵彻深度随入射速度的增大而增大。当入射速度小于 710 m/s 时,弹体在珊瑚砂和石英砂中的侵彻深度相差不大;当入射速度大于 710 m/s 时,弹体在珊瑚砂中的侵彻深度略大于石英砂。

(2) 基于数值研究得到的侵彻近区分析结果,建立了拟流体侵彻理论模型,并与 Forrestal 侵彻计算模型和 YOUNG 公式进行对比计算,验证模型和计算方法的有效性。

① 拟流体侵彻理论模型和简化计算方法对轻质刚性弹体侵彻珊瑚砂的适用性较好,

可用来预测撞击速度在 200～1 000 m/s 范围内珊瑚砂靶体的侵彻深度。

② 在轻质弹体侵彻松散干砂条件下，基于空腔膨胀理论的 Forrestal 侵彻计算模型对轻质弹体侵彻干砂的适用性较好，可用来预测入射速度在 200～1 000 m/s 范围内侵彻干砂靶体的侵彻深度和速度衰减过程。

2. 钻地弹侵彻珊瑚砂地基的数值仿真结果

基于 AUTODYN-2D 动力学数值模拟软件，对刚性弹体不同撞击速度下的珊瑚砂侵彻进行模拟计算。

（1）验证了珊瑚砂本构模型的正确性，可用来进一步开展不同弹体侵彻珊瑚砂靶体的数值模拟研究。

（2）对弹体侵彻近区进行观察：主要是弹尖承受压力，弹体其他部位受力很小。弹体头部的珊瑚砂颗粒被压缩而密度突增，由于砂粒速度远小于弹体而被排开至弹体两侧，从而在弹体两侧形成了压缩区，同时在弹体和两侧的压缩区之间形成了空腔。

（3）根据钻地弹侵彻珊瑚砂地基的数值仿真结果可以看出，珊瑚干砂的抗侵彻能力较弱。

6.2　研究展望

土颗粒是一种复杂的离散材料，而珊瑚砂由于特殊的矿物成分以及颗粒形状，使其力学特性较普通陆源砂更为复杂。现如今对珊瑚砂动力特性的研究中，施加的荷载大多是模拟地震以及波浪，但对珊瑚砂在极端荷载下的动力学响应特征还有待研究。本书通过试验研究，详细介绍了珊瑚砂在冲击、爆炸以及侵彻作用下的动力学特性，阐述了珊瑚砂在不同动荷载下的变形规律，得出了适用于珊瑚砂的本构模型。珊瑚砂是一种十分复杂的海相沉积物，其力学特性还需要采取不同的手段及方法加以研究。

（1）现有研究中，所用珊瑚砂的颗粒粒径较小，而对于珊瑚粗砂、砾石以及块石的研究还较少，这些也均是实际岛礁工程中可能遇到的珊瑚类介质。

（2）液化是饱和砂土特有的现象，本书对珊瑚砂的液化特性开展了研究，而对于珊瑚砂在冲击荷载下的液化机理还需进一步探索。

（3）需开展更大尺度、更大范围的试验研究，进一步确定珊瑚砂的力学行为，通过数值模拟、数值仿真等技术，建立符合珊瑚砂力学特性的理论体系。

最关键的是，珊瑚砂的研究方向要紧跟工程需要，重点解决工程上针对珊瑚砂的难题，为岛礁工程所遇到的实际问题提供切实可行的解决方案。